Las seis hormonas que van a revolucionar tu vida

David J. P. Phillips

Las seis hormonas que van a revolucionar tu vida

Dopamina
Oxitocina
Serotonina
Cortisol
Endorfinas
Testosterona

Traducción de Vítora Guevara

Planeta

Obra editada en colaboración con Editorial Planeta – España

Título original: *Sex substanser som förändrar ditt liv*

© David JP Phillips, 2022
Esta edición se publica con el acuerdo de Enberg Agency, Suecia, y Nordik
Literary Agency, Francia.

© de la traducción del inglés, Vítora Guevara, 2024
Composición: Realización Planeta

© 2024, Editorial Planeta, S.A. – Barcelona, España

Derechos reservados

© 2024, Editorial Planeta Mexicana, S.A. de C.V.
Bajo el sello editorial PLANETA M.R.
Avenida Presidente Masarik núm. 111,
Piso 2, Polanco V Sección, Miguel Hidalgo
C.P. 11560, Ciudad de México
www.planetadelibros.com.mx

Primera edición impresa en España: mayo de 2024
ISBN: 978-84-08-28730-8

Primera edición en formato epub en México: agosto de 2024
ISBN: 978-607-39-1799-5

Primera edición impresa en México: agosto de 2024
ISBN: 978-607-39-1610-3

Impreso en los talleres de Litográfica Ingramex, S.A. de C.V.
Centeno núm. 162-1, colonia Granjas Esmeralda, Ciudad de México
Impreso en México – *Printed in Mexico*

ÍNDICE

INTRODUCCIÓN

A veces pides algo y, cuando lo recibes, resulta ser muy distinto a como lo habías imaginado.

Mi vida cambió un día de otoño gris, en el mes de noviembre. Mi esposa, Maria, y yo habíamos salido a dar una vuelta cuando, de forma brusca y sin venir a cuento, me invadió una sensación desconocida que me superó. Me paré en seco en mitad de un puente. Maria me miró ladeando la cabeza, un gesto muy suyo, y me preguntó: «¿Qué te pasa, amor?». Yo me esforcé en describir lo que sentía. Ella soltó una suave carcajada de sorpresa y dijo: «A mí eso que dices me suena a felicidad». Cinco minutos después, desapareció esa sensación y regresó el oscuro vacío al que estaba acostumbrado. En ese momento comprendí que no recordaba haberme sentido nunca así en mi vida adulta. Sin embargo, esta historia empieza, en realidad, antes de aquel día.

Hacía unos meses que había ido de visita a Gotemburgo, como de costumbre para dar una conferencia. La de aquel día era sobre comunicación, lo que solo contribuye a que me dé más vergüenza lo que estoy a punto de contar. Al acabar la primera parte anuncié una pausa y me quedé mirando la computadora sin hacer nada en concreto. Este es un truco que empleamos a veces los conferencistas durante el descanso, con la esperanza de que alguien se acerque a felicitarnos y darnos unas palmaditas en la espalda. Es una forma de recargar pilas para la segunda parte. Y, efectivamente, vi de reojo que se acercaba una mujer. Sin embargo, su andar dubitativo y su forma de inclinarse hacia mí me indicaron que lo que estaba a punto de recibir no iba a ser para nada un cumplido. En lugar de eso, me dijo: «Creo que debería saber que ha estado diciendo el nombre de la competencia en lugar del nuestro en todos los ejemplos». Tierra, trágame..., ¿cómo me había podido pasar? Yo soy un retórico. Sopeso cada palabra con gran cuidado antes de pronunciarla. Por desgracia, aquella no era la primera vez que me pasaba algo así en aquella época.

En el tren, de regreso a casa, pensé: «Esto es el fin de mi carrera. Si ya no sé ni lo que digo, ¿cómo voy a dar conferencias?». Este suceso en Gotemburgo fue la gota que derramó el vaso, así que pedí cita para ver a mi médico de cabecera. No era la primera vez.

—David, ¿qué te había dicho? —Su voz tenía un tono inconfundible de reproche—. Viniste hace dos años quejándote de tics en la cara. Te dije que eran del estrés y que tenías que bajar el ritmo, hacer menos cosas y descansar más. Después, viniste el año pasado quejándote de problemas estomacales y cardiacos. Te dije lo mismo. Y ahora vuelves otra vez para decirme que el estrés te está causando problemas neurológicos. ¿Qué tengo que hacer para que me escuches? Si no cambias ya tu estilo de vida, el estrés te acabará provocando problemas incurables. Calculo que necesitas al menos tres años para recuperarte y no hay forma de acelerar el proceso, así que ni se te ocurra pensarlo.

Me fui de allí muy triste, con lágrimas rodando por las mejillas, y procedí a llevar a casa a mi yo, antes invencible, para que se metiera en la cama. Pasé los siguientes dos meses sin salir de ella. La depresión me golpeó con fuerza hasta alcanzar grados desconocidos para mí. Lloré todos los días del verano de 2016. Cada día me parecía más fútil que el anterior. Todo me aburría. La única rutina que recuerdo haber mantenido fue rezar antes de acostarme, pidiendo no despertar al día siguiente para alcanzar, así, el sueño eterno. Muchas personas se preocuparon, muchas intentaron ayudarme, pero todo fue inútil. Hasta un día de finales de aquel verano. Lo que me dijo aquel día mi esposa cambió mi vida y sentó las bases para la primera herramienta, y la más esencial, con las que creé mi curso de autoliderazgo y también este libro: el «historial de estrés».

Ahora quiero que recuerdes la frase que abre este texto: a veces pides algo y, cuando lo recibes, resulta ser muy distinto a como lo habías imaginado. Yo trabajo como conferencista, *coach* y formador internacional. Hasta ese momento había dedicado toda mi vida adulta a mi especialidad, que es la comunicación basada en la neurociencia, la biología y la psicología. Con mi equipo, había dedicado siete años a estudiar a 5000 conferencistas, presentadores y moderadores para identificar 110 formas distintas de comunicación que todas las personas empleamos. Dediqué dos años a escribir la conferencia TEDx más vista de la historia sobre narrativa, con la que me convertí en la primera persona capaz de disparar la producción de neurotransmisores y hormonas concretas en quienes me escuchaban mediante la narración de distintas historias. Mi intención al decirte esto no es explicarte mi currículum detallado, sino que se entienda que, a pesar de contar con todas esas herramientas, técnicas y métodos, solo había logrado que mis clientes alcanzaran un nivel siete de diez. ¿Qué me faltaba para llegar a la calificación máxima? ¡Ya lo estaba dando todo! Aquello era terriblemente frustrante. Durante casi diez años había viajado por todo el mundo en busca de la clave que me permitiera ayudar a las personas a quienes formaba, acompañaba e impartía conferencias a alcanzar su máximo potencial. A pesar de esto, el éxito que yo sabía posible me esquivaba. Hasta que la clave apareció donde menos lo esperaba.

No estaba escondida en ningún libro ni en posesión de ningún especialista: estaba en mí. Y, ojo, que no estoy diciendo que siempre hubiera estado ahí o que yo estuviera donde había que estar para encontrarla. En mi caso, tuve que superar más de una década de desesperación, ideaciones suicidas recurrentes, un verano de llanto en la más absoluta oscuridad y, después, cinco minutos de felicidad en un puente antes de que la clave se revelara ante mis ojos: emergió de las aguas como Excalibur.

En ese momento, ni siquiera fui consciente de haberla encontrado. Así que volvamos a ese puente y a esos cinco minutos de felicidad. Fue como ver en color y percibir aromas por primera vez en la vida. Estoy seguro de que te puedes imaginar lo motivado que estaba yo para volver a experimentar esa sensación en cuanto se desvaneció. Aquello hizo saltar una chispa o, más bien, despertó un volcán en mi interior. Después de eso, no habría nada capaz de frenarme. Recuerdo correr a mi despacho tras el paseo para apuntar todo lo que había estado haciendo últimamente que podría haber causado aquella experiencia. Utilicé la herramienta que puede resolver cualquier problema de este mundo (Excel) y apunté todo lo que había hecho, en qué cantidad y cuándo. Como era de esperar, la chispa disparó mi lado energético y lunático, así que pasé cinco días sin apenas dormir. En aquel tiempo, leí incontables estudios y libros sobre el tema, hice lluvias de ideas en pizarrones blancos, tomé notas y elaboré horarios detallados en Excel. Cuando, muy de vez en cuando, lograba acostarme y dormir, me despertaba más o menos una hora después para seguir con mis frenéticos estudios sobre autoliderazgo. Cinco días más tarde había creado lo que se convirtió en mi salvación, la receta para mi «vida 2.0».

Durante los meses siguientes seguí practicando lo que había deducido y, de repente, cuando había pasado más o menos un mes, volví a sentir una descarga y experimenté diez minutos de felicidad que pronto se convirtieron en veinte, cuarenta e incluso sesenta. Los minutos se convirtieron en horas, las horas en días y el enero siguiente, unos pocos meses después de mi epifanía en el puente, se había invertido el equilibrio y experimentaba tantos momentos luminosos como oscuros había experimentado antes. Ese año fue el mejor de mi vida. Como si me hubieran dado las llaves de un mundo mágico y maravilloso. Todo parecía una sucesión sin fin de emociones efervescentes y lágrimas de alegría.

Como soy una persona curiosa, empecé a recomendar a mis clientes el uso de las técnicas que había estado aplicando conmigo y esto es lo que pasó: comprendí de forma totalmente consciente que, por fin, había encontrado la clave, la que llevaba toda la vida buscando. Los clientes a quienes acompañaba y formaba progresaron rápidamente y alcanzaron todo su potencial como líderes, maestros, médicos, oradores o comerciales. Pero eso no fue todo. También descubrí que habían crecido como individuos y seres humanos en sus vidas personales. Estaban llegando de verdad al diez. ¡Había demostrado que mi experiencia y mis conocimientos adquiridos eran aplicables a otras personas! Esa clave o, mejor dicho, esas claves son lo que pretendo darte en este libro. Leerás sobre mis experiencias, sobre las lecciones que aprendí de las decenas de miles de personas a quienes he acompañado y enseñado autoliderazgo y las investigaciones en las que se basa gran parte de mi viaje. Lo que te prometo, querida persona que me lees, es que si usas las técnicas y herramientas más importantes de este libro y dedicas el tiempo necesario a practicarlas y aplicarlas todos los días, al cabo de seis meses experimentarás una versión de ti y del mundo con la que no has estado en contacto desde hace mucho tiempo, o puede que nunca.

En las páginas que siguen mencionaré muchas veces la idea de autoliderazgo, que es, básicamente, de lo que se trata este libro: de aprender a ser tu líder. Aprender a elegir tus emociones y estados cuando lo desees o necesites. Si, por ejemplo, estás a punto de entrar a una reunión donde vas a ser quien tome las decisiones, el resultado de dicha reunión dependerá mucho de la seguridad con la que entres. Hablando en términos de las seis sustancias, esto significa que el resultado dependerá de si decides incrementar o reducir tus niveles de testosterona y dopamina antes de entrar a la reunión.

Y puede que ahora te estés preguntando qué relación hay entre el autoliderazgo y el liderazgo convencional. ¿Has conocido alguna vez a alguien con grandes dotes de autoliderazgo? Es decir, alguien que siempre es capaz de elegir ser su mejor versión, en cualquier situación, ya sea contigo, con quienes lo rodean o consigo mismo. Las personas con ese grado de autoconocimiento y autoliderazgo se convierten casi de forma automática en líderes naturales de cualquier grupo. La gente las sigue porque quiere, no porque tenga que hacerlo. Lo contrario son quienes carecen de autoliderazgo, cuyas emociones se desbordan. Son personas que reaccionan en vez de actuar, que suelen provocar mucha ansiedad a los demás y cuyos seguidores lo son no porque quieran, sino porque no tienen más opciones.

PARTE 1

¡UN COCTEL CELESTIAL, POR FAVOR!

Te sientas en un banco frente a la barra. El cuero gastado del asiento da fe de las muchas personas que han intentado silenciar sus pensamientos con alcohol a lo largo de los años allí, así como de las que vinieron a celebrar algo, seguramente las menos. El bar huele como tantos otros, es un olor a viejo, ligeramente amargo. Te inclinas sobre la barra y llamas la atención de la mesera.

—¡Un coctel celestial, por favor!

Ella te lanza una mirada llena de curiosidad.

—¡Qué bien! Veo que le interesa nuestra última creación. Magnífico, ¿de qué lo quiere?

Tú le cuentas que quieres aumentar tu motivación y mejorar tu humor.

—Dopamina y serotonina, por favor.

Al cabo de un momento, ella regresa con tu vaso, que deposita con gran solemnidad sobre una bandeja dorada. Es un vaso de martini inusualmente bello, con un coctel y un palillo de madera que no atraviesa una aceituna verde, como sería de esperar, sino un trozo amarillo de piña fresca.

—¡Salud!

¿Te imaginas que fuera tan sencillo cambiar nuestro estado de ánimo? ¿Que solo tuvieras que ir a un bar, pedir la sensación concreta que quisieras, pagar, brindar y regresar a casa con una nueva sensación en el cuerpo? Ahora imagina que fuera aún más sencillo. Imagina tener en el cerebro una fábrica de sustancias químicas capaz de producir seis sustancias que pudieras usar a voluntad para crear la sensación concreta que quisieras, cuando quisieras, ¡y gratis! Pues resulta que esto último sí lo tienes. Y es el conocimiento concreto que quiero transmitirte con este libro: quiero que seas capaz de mezclar tus propios cocteles y decidir cómo sentirte cuando lo desees. Si quieres sentirte con mucha energía y lleno de dopamina y noradrenalina. Si quieres sentir que estás aquí y ahora, y lleno de oxitocina. Si quieres sentirte a gusto y lleno de serotonina. Si quieres sentir una gran euforia y estar lleno de endorfinas, o experimentar mucha seguridad en ti mismo y estar lleno de testosterona.

Aunque, por raro que parezca, o quizá no, hay muchas más personas en nuestra sociedad que prefieren prepararse y devorar de un trago un coctel infernal que, en el contexto de esta metáfora, significa exponerse a un estrés intenso y prolongado, mejor si va precedido de ansiedad, decepción y pensamientos obsesivos. Este estado se describe usualmente como llevar una vida gris y desapasionada: una especie de burbuja surrealista donde cada día se parece mucho al anterior y la vida avanza sin grandes estallidos de alegría. Sin embargo, tomar demasiados cocteles infernales durante periodos muy largos puede hacer que pasemos al siguiente nivel, que se traduce en disforia, ansiedad y largas depresiones. Y aquí uno se pregunta por qué alguien querría tomar ese coctel infernal. Tal y como yo lo veo, hay tres motivos principales (aunque, por supuesto, no son los únicos):

- El primero, porque no saben hacerlo mejor. En la escuela no se abordan estos temas, a pesar de que constituyen, seguramente, la lección vital más importante: qué es una emoción, qué emociones experimentamos, cómo funcionan y, lo que es más importante, cómo podemos influir en ellas. Nuestras emociones influyen en todo lo que hacemos, por eso conocer este tema es más importante que cualquiera de las asignaturas que estudiamos en la escuela.

- El segundo motivo es la sociedad que hemos creado entre todos, en la que el éxito se mide por el dinero y se da más importancia a la constante búsqueda de más que a la satisfacción y la tranquilidad.

- El tercer motivo es que nos parecemos a las personas de quienes nos rodeamos. Si nuestros amigos toman cocteles infernales a diario, porque se exponen a estrés, presión y malas noticias, se comparan con los demás, se pasan todo el tiempo intentando conseguir más cosas y solo experimentan breves e infrecuentes instantes de satisfacción, no es de extrañar que nuestra situación se acabe pareciendo a la suya. Es como respirar el humo de un fumador.

El conocimiento que adquirí sobre mis emociones y su origen biológico y neurocientífico fue vital para mi proceso de recuperación en aquel momento tan oscuro de mi vida. Pero, aunque tú te sientas bien, o incluso increíble, lo que aprenderás en este libro te aportará una perspectiva vital útil y esclarecedora que te dará información sobre cuáles son tus roles como ser humano, líder, compañero, amigo o padre. En todos los cursos que doy, al menos uno de los participantes acaba diciendo algo parecido a esta frase, y cito: «¡Imagina pasar más de media vida sin saber qué es una emoción y que podemos decidir cuáles tener!». Hubo una vez que otra persona agregó: «Es como ver una televisión a color por primera vez en la vida». Ambas personas lloraban. Sin embargo, los comentarios que creo que más me conmueven son los que me hacen los padres. Hace poco, lo hizo un hombre cuyo hijo de seis años, Theodor, estaba atravesando un periodo de mucha ira que le estaba costando sobrellevar. Su padre le explicó que las emociones pueden invocarse mediante el pensamiento y que podemos elegir lo que pensamos, así que le sugirió que pensara en otra cosa. Theodor le dio un abrazo lleno de entusiasmo y asintió. Minutos después, tenía la mayor sonrisa que puedas imaginar y le dijo a su padre: «¡Mira, mira! ¡Funcionó! ¡Mírame, papá! ¡Mira qué contento estoy!». No dudes en inspirarte en Theodor y en su papá, Joakim, y enseñar a tus hijos pequeños y adolescentes todo lo que aprendas en este libro. Imagina cómo podría ser el mundo si fuéramos capaces de entender que no somos nuestras emociones, sino que estas no son más que ideas temporales sobre nosotros y el mundo, ideas que podemos elegir libremente.

Estas emociones, que casi siempre podemos decidir con el pensamiento, se producen sobre todo mediante un proceso en el que unas sustancias denominadas neuromoduladores «empujan» determinadas neuronas en distintas direcciones, que es lo que produce nuestra experiencia de la emoción. Pero en este proceso intervienen muchas otras cosas aparte de los neuromoduladores. En total, en tu cuerpo trabajan unas cincuenta hormonas y cien neurotransmisores y hay una gran cantidad de libros y artículos que describen con gran detalle las que mejor conocemos. Te recomiendo encarecidamente que te sumerjas en el universo de la bioquímica, ¡puede llegar a ser más emocionante que una novela negra! Sin embargo, este libro no está pensado para quienes buscan dedicar mucho tiempo a las detalladas exploraciones académicas de los numerosos descubrimientos científicos existentes. Este es un libro de ciencia pop y se escribió para proporcionar un relato simplificado que ayude a todo el mundo a entender cómo nos afecta nuestra química y cómo podemos influir nosotros en ella. Cuando complicas demasiado las cosas siempre corres el riesgo de hacer que el conocimiento que quieres comunicar a los demás se perciba como intimidante en lugar de interesante. Este tema se ha explicado con frecuencia de forma muy inaccesible, pero ahora que he visto el efecto que tiene en decenas de miles de personas a quienes he formado me siento preparado para intentar corregir esto. Llegó el momento de que esta información sea accesible para todo el mundo. Quiero que este sea un libro sencillo y digerible sobre lo más importante que hay en tu vida: tus emociones. Si sientes la necesidad de profundizar y ampliar tu conocimiento sobre todo lo que vamos a comentar aquí, al final del libro encontrarás una gran lista de bibliografía y lecturas complementarias.

Entonces, si hay cientos de sustancias implicadas en estos procesos, ¿por qué elegí escribir este libro solo sobre seis y no más? Bueno, porque establecí tres requisitos muy claros para incluir una sustancia:

1. Tenía que producir efectos reconocibles inmediatamente.
2. Tenía que poder producirse a voluntad siempre que la persona quisiera.
3. Tenía que ser accesible mediante el uso de una herramienta sencilla y práctica.

Este es el motivo por el que no entraron unas 144 sustancias: no tienen efectos mentales detectables ni pueden usarse a voluntad mediante la aplicación de herramientas sencillas y prácticas. Dos ejemplos de sustancias que no entraron son el estrógeno y la progesterona, dos hormonas muy importantes para todos los seres humanos, pero que son muy complicadas de activar eficazmente con métodos sencillos.

Para que fuera más fácil poner en práctica el libro, también decidí comentar solo los efectos mentales más significativos de cada una de las seis sustancias para cada actividad, porque, como verás, en cada una de ellas liberarás casi siempre, y al mismo tiempo, más de una de las seis sustancias, aunque no en la misma cantidad ni con los mismos efectos mentales detectables. Quizá quieras experimentar cercanía humana e intentes que un ser querido te abrace. Esta actividad, por ejemplo, hará que se liberen oxitocina y dopamina, pero lo que tú estabas buscando era la oxitocina (cercanía humana). En este caso, será la oxitocina la que producirá el efecto más importante, y por eso estructuré así el libro.

Por último, pero fundamental, antes de emprender juntos este viaje me gustaría explicar por qué la sección más corta del libro, la segunda parte, es tal vez la más importante. La primera parte del libro explica tu biología y cómo usar las seis sustancias para preparar tu propio coctel celestial siempre que quieras y donde quieras. Sin embargo, los efectos de estos cocteles son temporales, aunque te resultarán útiles en reuniones, citas, a la hora de hablar en público y en otras circunstancias vitales. Pero su efecto solo durará un par de horas, en el mejor de los casos. Muy rara vez puede llegar a durar uno o dos días. Y ahí es donde cobra importancia la segunda parte, que es muy breve si comparamos su número de páginas con el de la primera, pero no debe ser infravalorada, ya que su contenido puede ser muy valioso. En ella te explicaré cómo emplear la repetición y la neuroplasticidad para establecer cambios permanentes en ti y crear un coctel que no tendrás que tomar continuamente, porque sus efectos no se desvanecerán. Las dos partes combinadas te proporcionarán el conocimiento impagable que necesitas para que tu personalidad crezca y se desarrolle de formas que quizá nunca imaginaste. Y, por si todo esto fuera poco, como cereza del pastel, también te enseñaré a preparar este coctel celestial para otras personas, una habilidad que te resultará muy útil en tu faceta de líder, pero también, lo que es aún más importante, en tus relaciones personales.

Para garantizar que este libro no te intimide, quiero hacer hincapié en que la idea no es que dediques cada minuto de tus horas despierto a meditar, hacer ejercicio, llevar una dieta sana, producir endorfinas, darte baños de agua fría, mirar fotografías de tus hijos, practicar la gratitud mediante la meditación, disfrutar de al menos un 19 % de sueño profundo todas las noches, cambiar tu dieta para enriquecer tu flora intestinal y practicar la generosidad con todas las personas con quienes te cruces. Es mucho mejor abordar este libro como una enciclopedia, un manual de instrucciones o un buffet. Yo te recomendaría que elijas una o unas pocas recomendaciones de vez en cuando y que las vayas practicando para que, poco a poco y de forma automática, se conviertan en parte de tu estilo de vida.

Solo para que no quede ninguna duda: los métodos y las herramientas de este libro te ayudarán a convertirte en tu mejor versión. El conocimiento y los datos que te proporcionaré pueden cambiar aspectos fundamentales de tu vida. Pero, en cualquier caso, si estás experimentando una tristeza profunda, te enfrentas a problemas de salud graves o sufres depresión, recurre siempre a un profesional clínico.

¡Vamos!

DOPAMINA

Determinación y placer

Llegó el momento de .presentar nuestra primera sustancia maravillosa: la dopamina.

Imagina despertar por las mañanas sintiéndote así: «¡Me gusta despertar, me muero de ganas, va a ser un día maravilloso!». Lanzarte feliz a la regadera, vestirte y empezar el día enseguida. La sensación que experimentas es la de una dosis natural de dopamina. Y ciertamente es magnífico sentirse como un caballo salvaje y desenfrenado que recibe con júbilo la llegada de la primavera.

Imagina ser capaz de crear esa sensación voluntariamente y también de controlarla para incrementarla y sentirla con más intensidad durante periodos más largos. Eso es exactamente lo que estás a punto de aprender a hacer. Seguramente, tras leer este capítulo tu vida ya no volverá a ser igual. Cuando descubras el increíble poder que te proporciona la dopamina si sabes cómo dirigirla, querrás hacer las cosas de otra manera. Sin embargo, mal dirigida, la dopamina puede provocar vacío, irritabilidad, frustración, adicción y depresión. Afortunadamente, lo único que necesitas para evitarlo es algo de conocimiento y el deseo de hacer las cosas bien.

Vamos a empezar nuestra exploración de la dopamina explicando un poco su finalidad evolutiva.

Nuestro viaje empieza en una sencilla cabaña construida con colmillos de mamut, ramas y arcilla. Es un martes cualquiera de hace 25 000 años. Un ancestro tuyo, vamos a llamarlo Duncan, está durmiendo en su cama de paja cuando lo despierta un sol implacable. En realidad, por qué fue eso lo que lo despertó y no el rugido de su estómago es todo un misterio, pero en cuanto se estira nota que tiene muchísima hambre. Tras pensarlo un momento, se da cuenta de que no tiene comida en casa, pero que conoce un arbusto no muy lejano donde crecen zarzamoras de los pantanos, doradas y jugosas. Solo con pensar en ellas, su cerebro libera dopamina y él siente enseguida cómo mejoran su concentración y su determinación.

El camino hasta allí es complicado y sabe que va a acabar lleno de arañazos, pero pensar en las zarzamoras lo ayuda a mantener altos sus niveles de dopamina y le proporciona la energía suficiente para seguir adelante. Después de un rato largo, llega por fin a lo alto de la colina y contempla un solitario pantano. Busca desesperadamente las zarzamoras doradas en las que venía pensando, pero no queda ninguna.

Su dopamina se desploma y la sustituye el dolor por las expectativas truncadas. Duncan suspira y se sienta sobre un árbol caído con una terrible sensación de vacío interior. ¿Cómo va a sobrevivir? ¡Necesita comer! En ese preciso instante ve una manzana en un árbol. Recupera la chispa y la dopamina vuelve a circular de golpe.

¡Esa manzana va a ser suya! Tras un ascenso arriesgado por ramas y piedras, alcanza por fin su ansiado trofeo. Se sienta y da un mordisco a la deliciosa manzana silvestre. Duncan sigue disfrutando del coctel de la recompensa, que combina una concentración elevada de azúcar en sangre, una reducción de estrés y una pequeña dosis de dopamina. Incluso se activan sus endocannabinoides. Todo esto hace que Duncan se sienta de maravilla, pero, por desgracia, la sensación dura poco. Para motivar a Duncan a buscar más manzanas, su cerebro procede a reducir su dopamina a niveles inferiores a los que tenía al encontrar la que se comió. La brusca sensación de vacío que experimenta en ausencia de dopamina lo motiva a ir a por más. Esto también lo empuja a acumular comida para el invierno, acabar de construir su cabaña y esforzarse en construir una cama de paja que sea un poco más blanda y cómoda. Lo mueve el deseo de mejorar sus circunstancias y alcanzar un progreso que lo ayude a sobrevivir y transmitir sus genes. Ahora vamos a avanzar 25000 años hasta el presente.

Tú no tienes tanta hambre, pero en cambio sabes que disfrutas mucho con los helados, los dulces y las papas fritas. Te subes al coche y conduces lo que te parece una larga distancia para ir a comprar. Cuando llegas, la tienda está cerrada y experimentas un nuevo vacío, un hueco en tu interior que clama para que lo llenes. Pero la siguiente tienda también está cerrada, lo que solo incrementa tu determinación: vas a encontrar una tienda abierta. Y, mira qué conveniente, la próxima sí lo está. La satisfacción que experimentas gracias a la ola de dopamina es enorme. Dentro de muy poco estarás...

Pero, entonces, sucede el desastre. ¡Olvidaste el dinero en casa! Tu dopamina vuelve a desplomarse. Y permanece muy baja hasta que encuentras el monedero, que estaba en el coche. ¡Qué alivio! Pagas y te mueres de ganas de volver a tu sillón. En realidad, lo más probable es que comas algo en el coche mismo. Sigues comiendo, deleitándote con tus botanas, y no paras hasta que no queda ni una migaja. Sin embargo, la maravillosa sensación no tarda en desvanecerse. Lo que te pasa es que la dopamina descendió por debajo de su nivel de referencia, es decir, del nivel que tenía antes de que fueras a comprar. Este vacío repentino provocado por la disminución de dopamina hace que la busquemos en otras fuentes. Quizá en las magníficas *apps* generadoras de dopamina de nuestro teléfono o en un programa de televisión. Este ciclo puede hacer que pasemos todo el tiempo en busca de placer, en una persecución eterna para conseguir dopamina. Duncan era así, pero, en su caso, esto lo ayudaba a conseguir manzanas, arreglar su cabaña para el invierno y construirse una cama más cómoda.

Nuestro sistema de recompensa biológico no ha cambiado mucho en 25000 años, pero la sociedad que hemos creado, sí. En nuestro mundo hay abundancia de fuentes de dopamina que entonces ni siquiera existían. En la época de Duncan, el objetivo de la dopamina era crear circunstancias que promovieran la supervivencia.

Por favor, no creas que estoy insinuando que no deberíamos disfrutar de las fuentes de dopamina «innecesarias» que nos ayudan a vivir. No me refiero a eso. Yo veo la tele, disfruto de un poco de helado de vez en cuando y desde luego que me permito comer palomitas cuando veo una película. Lo que intento decir es que entender cómo funciona la dopamina es una habilidad esencial para la supervivencia, sobre todo en una sociedad como la nuestra, en la que los ladrones de dopamina de los que hablaré enseguida roban a sus anchas.

Entonces, ¿para qué nos sirve la dopamina? Como ingrediente del coctel celestial, la dopamina genera motivación, ímpetu, deseo y placer, además de tener un papel importante en la creación de recuerdos a largo plazo. Técnicamente, el cerebro cuenta con cuatro vías dopaminérgicas, aunque aquí solo vamos a centrarnos en dos: la que regula la recompensa y la que regula las funciones ejecutivas como la fuerza de voluntad y la toma de decisiones.

Recuperemos un momento una idea importante que acabo de mencionar: el nivel de referencia de la dopamina. Andrew D. Huberman, profesor de la Universidad de Stanford e investigador del cerebro, lo explica de forma brillante. Para que dediquemos más esfuerzo a la búsqueda, el aprendizaje y los progresos, los niveles de dopamina aumentan antes y durante las actividades relacionadas con esto y luego disminuyen a un nivel inferior al que teníamos antes de empezar la actividad, que sería el valor de referencia. Vamos a usar una escala del uno al diez para ilustrarlo. El nivel de referencia de cada individuo es único porque, en parte, se trata de un rasgo innato. Para este ejemplo vamos a decir que es cinco. Supongamos que haces algo que aumenta ese nivel, como ver un video divertido en Instagram, lo que sitúa tu nivel de dopamina en seis. Inmediatamente después de acabar de verlo, tu nivel de dopamina bajará a 4.9 para incentivarte a «seguir buscando». Así que ves otro video, que disfrutas tanto como el primero, pero como empezaste a un nivel inferior (4.9), esta vez solo alcanzas un 5.9 y después caes a 4.8. Esto sigue así, video tras video, hasta que pierdes interés, porque ya no te resultan tan entretenidos como al principio. Tu nivel de referencia bajó a un cuatro y, objetivamente, ahora te sientes peor que cuando empezaste a verlos.

Pero lo más probable es que hayas experimentado en carne propia excepciones a esta norma. A veces, el efecto de la dopamina nos deja con más energía y positividad. ¿Dónde radica esta diferencia? Bueno, si los videos que ves son solo material genuinamente motivador, verlos hará que te acabes sintiendo con más energía que al principio.

Considéralos dos tipos de dopamina distintos: rápida y lenta. Quiero aclarar una cosa: en realidad no existe una dopamina «rápida» y una «lenta». Esto no es más que una metáfora que empleo yo. A lo que me refiero en realidad es a los efectos de la dopamina liberada, que pueden ser de larga o de corta duración para ti. Se parece a la idea de carbohidratos rápidos y lentos. Los carbohidratos de absorción rápida, que son los que se obtienen del pan, la pasta y el azúcar, te dan una dosis inmediata de energía que desaparece al poco rato. Esto se corresponde con el ejemplo anterior de los videos de Instagram. Por otro lado, los carbohidratos de absorción lenta, que se obtienen del pan integral, las lentejas, el arroz y otros cereales integrales, proporcionan energía duradera. Así pues, ¿qué dispara la dopamina lenta? Las actividades y experiencias que son realmente útiles para el futuro y cuyos beneficios van más allá del momento presente. Vamos a repetir esto, porque es importante: la dopamina lenta se secreta mediante actividades y experiencias que son útiles de verdad para el futuro y cuyos beneficios van más allá del momento presente. Según esta definición, la mayoría de las cosas que experimentaban nuestros ancestros les suministraban dopamina lenta. Vamos a ver algunos ejemplos actuales de esto.

Ver videos que te formen, te llenen de energía o te motiven puede alimentar tu combustible a largo plazo. Pueden hacer saltar la chispa del deseo o la necesidad de cambiar o crear algo relacionado contigo. Te pueden ayudar a hacer progresos en tu vida. Lo contrario, en cambio, consiste en ver uno tras otro cientos de videos que no ofrecen nada más que un entretenimiento fugaz y te dejan con una sensación de vacío cuando se acaban.

Leer ficción es sin duda una actividad de dopamina lenta, porque los efectos de la lectura duran mucho más que la experiencia momentánea en sí. Entre otras cosas, entrena tus músculos oculares, tu imaginación y grandes áreas del cerebro al simular los sucesos narrados en el libro y también interviene tu memoria, porque la necesitas para recordar los hechos y los personajes descritos hasta la siguiente sesión de lectura.

Aprender cosas produce dopamina lenta. El conocimiento entrena la memoria. Los nuevos conocimientos promueven la creatividad, porque una nueva idea es siempre e invariablemente una combinación de ideas anteriores. El conocimiento te ayuda a entender mejor el mundo. El conocimiento también te permite comunicarte con los demás en una gran variedad de reuniones sociales. Además, cuanto mayor sea tu conocimiento, más datos similares podrás atesorar y asociar entre sí.

El ejercicio físico libera dopamina lenta. De hecho, el ejercicio produce una serie casi infinita de beneficios, pero voy a mencionar algunos de los más destacados: reduce el riesgo de padecer enfermedades cardiovasculares, aumenta la energía, mejora el sueño, incrementa la neuroplasticidad, refuerza el sistema inmunitario y se cree que es el elemento más importante para el bienestar mental.

El sexo también libera dopamina lenta. El «beneficio» del sexo consentido es que mejora durante 48 horas cómo perciben su relación tanto tú como tu pareja. El sexo es una forma de ejercicio cardiovascular que produce por sí mismo un increíble coctel celestial, porque también incrementa los niveles de serotonina y oxitocina.

En mis conferencias suelo bromear diciendo que la mayoría de las cosas que hacíamos antes de que irrumpieran en nuestra vida los anuncios televisivos eran fuentes de dopamina lenta. Cuando pregunto al público qué creen que hacía la gente con más frecuencia antes de la irrupción en sus vidas de los anuncios de televisión e internet las respuestas más habituales son: socializar, dedicar tiempo a sus aficiones, cocinar, leer libros y revistas, jugar juegos de mesa, hacer trabajos manuales y de jardinería, bailar, desarrollar actividades creativas, construir cosas, resolver crucigramas. Y entonces siempre hay alguien que arranca una carcajada con esta otra: «¡Escuchábamos discos enteros de jalón!». Y sí, lo hacíamos. Hubo una época en la que llegar a casa con un disco nuevo y ponerlo en el lector de CD era casi un ritual sagrado. Nos asegurábamos de apagar cualquier distracción y después escuchábamos una canción tras otra.

Pero hace mucho de eso. El mundo en el que vivimos ahora es distinto y se sustenta en la dopamina rápida. Y esta es la raíz de muchos de nuestros problemas. El principal reto al que nos enfrentamos es que las fuentes de dopamina lenta usualmente demandan más energía y gestión activa que las de dopamina rápida. Es muy fácil obtener dopamina rápida tirándote en el sofá y atiborrándote de chocolate (una actividad que puede elevar los niveles de dopamina un 150% por encima del valor de referencia). Otras fuentes de dopamina rápida son la comida chatarra, las series de televisión, los videojuegos para teléfonos celulares, las redes sociales, consultar con frecuencia la cotización del bitcoin o de la bolsa y las noticias. La dopamina lenta, en cambio, requiere una inversión mayor, a veces mucho mayor. Por ejemplo, dedicarte a un pasatiempo, resolver un crucigrama o jugar un juego de mesa requieren mucho más tiempo y energía. Y no hay nada que odie más el cerebro humano que emplear más energía de la estrictamente necesaria en algo. La energía es, sin duda, la moneda más valiosa de la evolución.

Un estudio muy divertido sobre la energía que puedes llevar a cabo por tu cuenta la próxima vez que vayas a un centro comercial es observar cuántas personas usan las escaleras automáticas y cuántas suben a pie. Según mis propios apuntes de sabelotodo, tomados en cafeterías de centros comerciales, la mayoría de las personas eligen siempre las escaleras mecánicas, incluso para bajar, lo que no tiene ningún sentido desde un punto de vista racional si tenemos en cuenta que la mayoría conocemos los beneficios para la salud que conlleva el ejercicio físico. Sin embargo, desde un punto de vista evolutivo, tiene mucho sentido. Para Duncan, ahorrar energía implicaba que la comida le duraba más y cuanta más comida acumulaba a menos peligros se exponía por tener que conseguirla. Otros ejemplos cotidianos de ahorro de energía en los que solemos caer son:

- desplazarnos en coche en lugar de en bicicleta o a pie;
- desplazarnos en coche en lugar de en transporte público;
- desplazarnos en patín eléctrico en lugar de en transporte público;
- pedir comida a domicilio en lugar de cocinar;
- mandar mensajes en lugar de hablar;
- usar las cintas transportadoras de los aeropuertos en lugar de caminar;
- usar un una podadora eléctrica o robótica en lugar de manual.

Como es natural, se podría argumentar que estas actividades nos permiten dedicar más tiempo a las cosas que nos gustan de verdad, pero lo que suele pasar en realidad es que tomamos estas decisiones de forma inconsciente, siguiendo nuestro instinto primario de ahorrar energía.

Si desarrollas una adicción a las actividades que proporcionan dopamina rápida no tardarás en prepararte un coctel infernal. Mostrar poca disciplina con tus actos puede distanciarte de las fuentes de dopamina lenta y hacer que empieces a evitar actividades que te beneficiarían a largo plazo. Un efecto secundario de tener dopamina siempre disponible es que desarrollas tolerancia, lo que hace que necesites una mayor estimulación para obtener la misma sensación placentera. Seguramente habrás visto a personas que ven videos de YouTube mientras juegan videojuegos, comen alguna cosa y disfrutan de una bebida, todo al mismo tiempo. Eso es una acumulación de cuatro fuentes de dopamina simultáneas. Obligar a alguien así a sentarse a ver el clásico *Casablanca* sin fuentes de dopamina auxiliares seguramente es el equivalente a torturarla. Vale la pena pensar que esa misma película hizo que salas de cine enteras contuvieran el aliento en 1942, cuando el film se consideraba muy emocionante y conmovedor. Dominar la acumulación de dopamina es una habilidad imprescindible para el éxito en la vida y un paso necesario en cualquier coctel celestial sano. Volveremos a esto enseguida. Pero antes me gustaría hablar de los ladrones de dopamina que mencioné anteriormente.

¿Qué son y dónde se hallan? Lo cierto es que estamos rodeados de ellos. Pueden interponerse incluso entre ti y las personas a quienes más quieres. Las empresas aprendieron que pueden monetizar tu tiempo o, más bien, tu dopamina. Vamos a verlo con un ejemplo sencillo, una empresa que hace *apps* para jugar. Esta empresa tiene tres formas básicas de sacarte el dinero:

- Cuanto más tiempo puedan demostrar que dedicas a su *app* o página web, más beneficio económico obtendrán de sus clientes publicitarios.
- Cuanto más tiempo consigan que dediques a su *app*, más probable es que quieras gastar dinero en mejoras y actualizaciones.

- Cuantos más usuarios tengan de quienes recolectar dopamina, más usuarios tendrán y más aumentará el valor percibido de su *app*, página web o empresa.

Así, su negocio se basa en hacer que segregues la máxima cantidad posible de dopamina para convertir esa respuesta tuya en dinero. Para desarrollar estos videojuegos y *apps* de apuestas y casinos, las empresas han llevado a cabo estudios a fondo sobre temas cognitivos, de psicología y biología para aprender cómo maximizar la dopamina rápida mediante el uso de colores, sonidos, formas y animaciones. ¿Por qué no se centran en la dopamina lenta y proporcionan a sus clientes algo con valor real y beneficios a largo plazo? Bueno, para empezar, si lo hicieran serían víctimas del «fenómeno de la escalera mecánica». Los ladrones de dopamina te ofrecen una escalera mecánica. Si otra persona te ofreciera de repente una escalera convencional te estaría pidiendo que dedicaras más energía y, como acabo de explicarte, evolucionamos para evitar esas situaciones.

Pero los ladrones de dopamina no solo acechan en tu teléfono. ¿Cómo consiguen las empresas que compres determinados productos en las tiendas? Bueno, los hacen más atractivos. ¿Y eso cómo se hace? Para empezar, les dan un aspecto más sabroso con un envase que te hace salivar y, ¿por qué no?, que también es agradable al tacto. Esto incrementa tus expectativas de un incremento de dopamina rápida. De repente, te llamará la atención una nueva variedad de tal o cual producto, una que nunca has probado, y tu dopamina aumentará aún más. Llegas a casa, abres el envase y pruebas el producto, que prometía ser una opción de desayuno saludable. Tu nivel de dopamina subirá aún más cuando el 15% de azúcar que contiene alcance tu torrente sanguíneo. Llegados a este punto, tu cerebro estará en el séptimo cielo y tú aprenderás instantáneamente la lección de que ese producto es una maravilla y lo volverás a comprar. Al momento, tu nivel de referencia de dopamina caerá y tu cerebro empezará a gritar que no le gusta esa sensación. «¡Dame más dopamina!».

Robar siempre es feo, pero lo es aún más si la víctima es un niño. Ya sabes lo que se suele decir sobre «quitarle el dulce a un niño», aunque la versión moderna de esta frase debería ser «quitarle la dopamina a un bebé». La forma en la que las *apps* y los videojuegos están diseñados específicamente para que los niños liberen la máxima cantidad posible de dopamina es totalmente terrorífica. Al menos, los adultos somos, en teoría, capaces de resistirnos. La corteza prefrontal de nuestro cerebro está más desarrollada y esto nos proporciona una capacidad muy superior a la de niños y adolescentes para pensar de forma racional y ejercer nuestra fuerza de voluntad. A los adultos nos cuesta mucho menos optar por la dopamina lenta en lugar de la rápida. Sin embargo, y a pesar de esto, sigue habiendo muchísimos adultos víctimas de los ladrones de dopamina. Si caes en ese círculo vicioso, puedes acabar deteriorando gradualmente tu nivel de referencia de dopamina, lo que hará que te resulte cada vez más difícil experimentar placer y motivación genuinos, lo que a su vez puede dar pie a una sensación de vacío, disforia y probablemente incluso depresión.

Entonces, ¿la dopamina rápida no tiene nada bueno? Por supuesto que lo tiene. La dopamina rápida es un componente importante del placer y parte de la magia de la vida. Pues claro que no pasa nada por comer chocolate, disfrutar de una copa de vino, pedir postre, jugar videojuegos, ver series de televisión o usar *apps* para ligar, ¡sería el colmo! Yo lo hago y nadie debería prescindir de estas cosas. Pero lo ideal es disfrutar de ellas solo cuando se cumplan estas dos condiciones:

Eres consciente de los efectos de la dopamina rápida y de cómo puede distraerte fácilmente de las fuentes de dopamina lenta.

Aprendiste a gestionar la dopamina. El problema es que, si no eres tú quien controla tu dopamina, será ella quien te controle a ti.

Y eso es lo que vamos a hacer: aprender a gestionar mejor la dopamina rápida. Estoy a punto de mostrarte una selección de seis herramientas que podrás usar para controlar y dirigir tu dopamina rápida y, por tanto, proteger tu inclinación natural a sumar más «actividades reales» a tu vida. ¡Te advierto que va a ser todo un viaje! Después de conocer estas seis fascinantes herramientas que pueden cambiarte la vida y que te enseñarán a controlar tu dopamina, cerraré el capítulo con cuatro herramientas más que puedes usar para producir dopamina y motivación a voluntad, siempre que las necesites. Recuerda no precipitarte con estas cosas y asegurarte de encontrar tiempo para reflexionar sobre el impacto de cada una de estas herramientas en tu vida.

HERRAMIENTA 1:
ACUMULAR DOPAMINA

1. ¿Te resulta familiar esta escena? Cuando la dopamina que obtenemos al ver una serie de televisión en la computadora no nos basta, agregamos palomitas; cuando esto no basta, agregamos una bebida; cuando esto no basta, vemos cosas en el teléfono al mismo tiempo; y, cuando incluso esto no basta, ponemos la televisión de

fondo. Acumulamos fuentes de dopamina una encima de la otra. Esto causa tres problemas distintos. El primer problema es que esta acumulación no tiene fin. Con el tiempo tendrás que sumar cada vez más y más fuentes de dopamina para alcanzar la misma satisfacción.

2. El segundo problema es que el cerebro siempre deseará esa acumulación, lo que significa que en situaciones delicadas, como por ejemplo mientras conducimos, sigue demandando, y somos más susceptibles de ceder ante la necesidad de ver el teléfono, cuando debería ser la última cosa que hacer al volante. Los accidentes de tráfico, por ejemplo, son entre un 10 y un 30% más frecuentes en distintas regiones del mundo como consecuencia directa del uso de teléfonos inteligentes. La autoridad policial sueca también ha demostrado que a los conductores de ese país cada vez les cuesta más dejar a un lado sus teléfonos y que el número de personas multadas por usar el teléfono celular mientras conducen se ha incrementado un cien por ciento en los últimos dos años.

3. El tercer y último problema de acumular es que hace que nos resulte más difícil apreciar y disfrutar la actividad original que habíamos emprendido: ver una serie de televisión en el ejemplo anterior.

¿Cómo deberíamos enfrentar esto? Conocer el fenómeno de la acumulación de dopamina puede bastar para empezar a hacer algo al respecto. Sin embargo, si crees que necesitas tomar medidas más contundentes, te propongo tres formas:

1. No acumular: practicar la disciplina y limitarte a hacer una única actividad a la vez. Por ejemplo, puedes ver la

televisión sin distracciones, concentrarte en dedicar tiempo a tus hijos o solo conducir, sin hacer llamadas ni escuchar un pódcast.

2. Eliminar las fuentes de dopamina de una en una: deja el teléfono cuando estés viendo la televisión, apaga la televisión si la tienes solo de fondo, etcétera.

3. Dejarlo todo de golpe: en los años que hace que me dedico a ser *coach* de autoliderazgo he recibido muchas reacciones sobre los magníficos beneficios que implica eliminar todas las fuentes de dopamina rápida durante un periodo cualquiera de entre diez y treinta días. Mis clientes describen el efecto explicando que cuando toman sus teléfonos inteligentes treinta días después les impresiona la cantidad de tiempo que les dedicaban antes, como si alguien los hubiera hechizado o hipnotizado. Un consejo para quien quiera cortar de tajo o probar un tratamiento intermedio, que consiste en eliminar la mitad de las fuentes de dopamina rápida de tu vida, es sustituir lo eliminado con fuentes de dopamina lenta. Empieza a leer libros, haz crucigramas, socializa, recupera un pasatiempo que hayas abandonado y cosas similares. De este modo, la transición será mucho más sencilla. No te estoy diciendo que hagas un *detox* de dopamina, algo que se ha puesto muy de moda. Es interesante insistir en que la dopamina no es una toxina. Lo que pasa es que tu cerebro ha desarrollado el hábito de satisfacer inmediatamente sus antojos de dopamina y a nuestro cerebro le gustan los hábitos, porque ahorran mucha energía.

HERRAMIENTA 2:
EQUILIBRAR LA DOPAMINA

Los desequilibrios entre la dopamina rápida y la lenta pueden afectar nuestra vida diaria. Una lección que he aprendido en los muchos cursos que he dado es que la naturaleza de este equilibrio es sobre todo individual. Yo defino el equilibrio de dopamina como, básicamente, la proporción entre la cantidad de dopamina rápida y lenta que secretas en tu vida. Personalmente, yo mantengo una proporción de 80/20, que parece ser un punto de equilibrio ideal para la mayoría de las personas. Esto significa que he detectado que puedo llenar mis horas despierto con aproximadamente un 20% de dopamina rápida sin que esas fuentes me hagan perder el control de mis días o me alejen de las fuentes de dopamina más lenta. Si me alimento de dopamina rápida en un 40% durante el fin de semana, mi cerebro tiende a evitar las cosas que conllevan dopamina más lenta, como trabajar en el jardín o hacer manualidades o ejercicio.

Una muy buena estrategia es evitar empezar el día viendo el teléfono, porque la dopamina rápida que seguramente recibirás te quitará el «hambre» de dopamina más lenta. Según la doctora Nikole Benders-Hadi, pasar bruscamente del estado de sueño a la gran cantidad de información que proporciona el teléfono también suele afectar negativamente la capacidad de concentrarse y priorizar durante el resto del día. Pruébalo unas cuantas semanas y experimenta la diferencia.

Otro consejo es desactivar las notificaciones del teléfono. Para quien se muere por una dosis de dopamina, las notificaciones son el equivalente a mostrar una enorme bolsa de papas fritas a alguien que tiene hambre. En cuanto consultes una sola de ellas (te comas una papa), tendrás aún más necesidad de volver a ver el teléfono al cabo de un momento (comer más).

HERRAMIENTA 3: RACIONAR LA DOPAMINA

Permitirte obtener dopamina rápida en cualquier momento y circunstancia tendrá efectos adversos en tu capacidad para disfrutar de tu vida. Vamos a examinar un ejemplo conocido del mundo de la música. La primera vez que escuchas una canción nueva puedes pensar: «¡Guau, es muy buena!». Después, la canción te parecerá cada vez mejor siempre que la escuches. En esencia, escucharla te proporciona cada vez cantidades mayores de dopamina hasta que un día todo cambia y descubres que ya no te satisface tanto. Meses después, puede que incluso te hayas cansado de ella. Si, en lugar de eso, te hubieras racionado la dopamina y hubieras dejado pasar tiempo entre escuchas, la satisfacción te habría durado más. Otro ejemplo de esto es el fenómeno del exceso de series, es decir, verlas enteras de principio a fin en una sola sesión, que es el equivalente a devorar una bolsa entera de chucherías de una sentada. Al principio es maravilloso, pero ese disfrute no dura mucho. Y, cuando se acaba, lo que viene después es un desplome de dopamina. Personalmente, me encanta hacer durar las series de televisión e intento aguantar el máximo antes de ver el siguiente episodio. Esto me proporciona una enorme cantidad de dopamina. Después de ver un episodio, dedico tiempo a disfrutar de mi recuerdo, así como a especular y reflexionar sobre los personajes y lo que creo que va a pasar después. Y cuando mi cerebro da muestras de estar perdiendo interés, veo el siguiente episodio. De este modo, puedo disfrutar de una serie de televisión o una novela durante mucho tiempo. He llegado incluso a contenerme y no ver nunca el último episodio de una serie, porque me encanta la dopamina que libero al imaginar la posible conclusión. Está bien, admito que soy un poco rarito con el racionamiento de dopamina, pero estoy seguro de que no soy el único.

Otra cosa que sé seguro que no soy el único que la disfruta es la «danza de las compras», es decir, el proceso a veces inconsciente, pero generalmente del todo consciente, que llevan a cabo las personas antes de comprarse algo. Ya sabes, saborear la búsqueda de la compra perfecta, que consiste en explorar las distintas opciones, leer, estudiar, investigar y preguntar sobre lo que sea que quieras comprar. Este proceso, esta danza de la precompra, puede ser una experiencia muy placentera. Racionar la dopamina es, básicamente, una forma de hacer que la experiencia dure más. Lo contrario a este planteamiento consiste básicamente en comprar la cosa de inmediato y disfrutar la enorme dosis de dopamina que sigue invariablemente a un choque.

Y, hablando de choques, podemos preguntarnos si se puede sacar algo bueno de ellos, ¿no? Y sí, se puede aprender a racionar también los choques, al menos en algunas situaciones. Imagina que estuviste trabajando en un proyecto con un plazo de entrega concreto y que después de muchos meses de trabajo duro y muchos nervios llegas a la línea de meta. Seguramente te sentirás de maravilla e invitarás a todo el equipo del proyecto a celebrar que se completó. Todo el mundo acude y está de un humor magnífico. Pero, al día siguiente, es momento de empezar otro proyecto. Cuatro meses de mucho trabajo solo tienen como recompensa cuatro horas de celebración. Dime, ¿a ti te parece razonable? Si haces así las cosas, casi estás pidiendo a gritos una disminución de dopamina, que puedes intentar evitar lanzando inmediatamente el siguiente proyecto. Sin embargo, este tratamiento no es sostenible a largo plazo. Mi consejo es que raciones las celebraciones. Disfruta durante más tiempo de tus éxitos. Celébralos toda la semana, pero con menos intensidad cada uno de los días. Compartan recuerdos del proyecto y comenten los aciertos. Esto también tiene un lado positivo adicional: tu equipo y tú estarán más motivados para el siguiente.

HERRAMIENTA 4:
DOPAMINA INTRÍNSECA Y EXTRÍNSECA

David Greene y Mark R. Lepper, de la Universidad de Stanford, llevaron a cabo un experimento muy emocionante, aunque algo sádico, en un salón de preescolar. Como a muchos otros niños, a los sujetos se les daba la oportunidad de dibujar con frecuencia en su escuela y a ellos les encantaba. Tenían lo que se denomina motivación intrínseca, que significa que los motivaba el proceso de dibujar en sí: les hacía sentirse bien, veían la evolución de su trabajo y disfrutaban llevándolo a cabo. En la siguiente fase del experimento, los niños empezaron a recibir premios llamados «buen jugador» por sus dibujos, lo que introducía una fuente de dopamina extrínseca. Los niños recibían un premio cada vez que hacían un dibujo y, al principio, les encantaban. Sin embargo, un día, los investigadores dejaron de dar estas recompensas extrínsecas y, como resultado, los niños mostraron un descenso significativo de su interés en el dibujo. Dejaron de hacerlo porque su motivación intrínseca previa para dibujar había sido sustituida por una extrínseca, que luego desapareció. Así, ambas fuentes de motivación habían dejado de existir.

La aplicación de esta herramienta en nuestra vida es

increíblemente importante. El truco consiste en convertir el proceso en la motivación. En otras palabras, la recompensa que recibes después de hacer algo no debería ser lo que te proporciona la motivación. A lo mejor no estás muy motivado para ir al gimnasio y decides recompensarte con una malteada o una bebida energética al salir de allí. Esta recompensa extrínseca puede acabar reduciendo aún más tu motivación intrínseca y natural para hacer ejercicio. En lugar de eso, deberías intentar eliminar esa recompensa extrínseca y centrarte en lo bien que se siente hacer ejercicio, cómo te carga las pilas, la emoción de ver cómo mejora tu forma física, etcétera. Puedes aplicar el mismo enfoque al barrer las hojas secas del jardín. En lugar de pensar en que vas a recompensarte escuchando un pódcast mientras lo haces o a tomar un baño cuando acabes, deberías centrarte en lo maravilloso que es estar al aire libre, lo bonito que va quedando el jardín, el precioso canto de los pájaros y lo agradable que es el sol de otoño.

La explicación neurológica de por qué surte efecto este truco es que tu corteza prefrontal (tu fuerza de voluntad) te permite decirte que puedes disfrutar del proceso en sí.

No me malinterpretes, yo no digo que uses esta herramienta como un todo o nada. A mí me encanta concederme pequeñas recompensas por mis logros de vez en cuando. Sin embargo, me aseguro de que no acaben siendo más importantes para mí que el placer que obtengo de las actividades en sí.

HERRAMIENTA 5:
VARIABILIDAD DE LA DOPAMINA

Esta herramienta se inspira en el juego. Hay muchos motivos que conducen a las personas a apostar y jugar con su tiempo y su dinero solo a cambio de la emoción que obtienen, y uno de los trucos para que jueguen más es hacer que estén a punto de ganar. Estar a punto de ganar te proporciona más dopamina que una gran pérdida y la sensación te anima a volver a intentarlo. ¿Cómo se puede aplicar este principio a la vida cotidiana? Lleva un dado contigo o baja una *app* que te permita lanzar un dado en tu teléfono. La próxima vez que vayas a hacer alguna actividad habitual, como ir a tomar un café a tu cafetería favorita, lanza el dado. Si sacas un uno, tómate el café en casa; si es un dos, hazlo en el bar de la esquina, etcétera, y solo acude a esa cafetería que tanto te gusta si sacas un seis. Puedes simplificar el «juego» usando la norma de que si sacas de uno a tres haces lo que sea que quieras hacer, pero si obtienes de cuatro a seis, no. Hace mucho tiempo, me dediqué a usar este juego en un viaje en coche con mi primo. Lanzábamos el dado en cada intersección de la carretera y girábamos a la izquierda si sacábamos de uno a tres y a la derecha si era de cuatro a seis. Y, aunque al final acampamos en una ciénaga infestada de mosquitos del norte de Suecia, sigue siendo el viaje más emocionante e impredecible que he hecho en mi vida.

Una forma que tienen los juegos de llamar tu atención es ofrecerte sorpresas. Si un juego es predecible y siempre puedes saber exactamente cómo va a terminar, te aburrirás sin duda de él. Por eso hay tantos fabricantes de productos de alimentación que dedican mucho tiempo y esfuerzo a lanzar constantemente nuevos productos o cambiar los envases de los existentes. ¿Cómo puedes aplicar esto para mejorar tu vida? En un estudio llevado a cabo por Ed O'Brien y Robert W. Smith se pidió a los sujetos que comieran palomitas de maíz con palillos, lo que las convirtió en más ricas, más sabrosas y más divertidas de comer. También se pidió a los sujetos que bebieran agua en recipientes no habituales, como copas de martini, lo que supuso también un incremento de la satisfacción. Puede que tú también hayas experimentado alguna vez este fenómeno. Hacer de forma nueva y distinta algo que podría haber sido trivial lo convierte de inmediato en una experiencia más memorable y placentera y, por tanto, más satisfactoria.

HERRAMIENTA 6:
RESACA DE DOPAMINA

La última herramienta está pensada para ser una alarma útil, así como una cura para aliviar una resaca indeseada. Puede que las resacas de dopamina sean las más comunes en la actualidad, quién sabe. Lo bueno de esto es que suelen aparecer los sábados y los domingos, pero su origen no es el consumo excesivo de alcohol. Su causa es más bien el enorme contraste entre la cantidad de dopamina que manejas los días laborables y la repentina falta de ella que experimentas durante el fin de semana. A veces, pasa precisamente lo contrario; tras un fin de semana de exceso de dopamina, llega el lunes y, con él, el momento de regresar a un trabajo que no te gusta y que te proporciona muy poca. Muchos se automedican viendo sin parar series de televisión o el teléfono. Algunos lo hacen con cabeza y moderación, para recuperarse, mientras que otros se entregan al escapismo. Para algunos, este vacío repentino y la abstinencia de dopamina se manifiestan en forma de disforia o tristeza, mientras que otros responden a ella con ansiedad y síntomas parecidos a los de la depresión.

Tras leer esto, tú contarás con la ventaja de saber que la resaca de dopamina existe y que nos puede pasar a todos. Es un patrón que aprendes a reconocer, por lo que elegir aceptarlo en lugar de permitir que te altere puede marcar la diferencia. La otra cosa que quiero contarte es que es buena idea no sobrepasarse con la dopamina rápida durante el fin de semana, porque puede alimentar la necesidad de llegar al máximo de esta sustancia, lo que no es saludable a largo plazo. En lugar de eso, deberías intentar equilibrar tu dopamina rápida los fines de semana mediante «actividades reales» que produzcan dopamina lenta. Algunos ejemplos serían salir a pasear, tomar el sol, ir al gimnasio, socializar, jugar juegos de mesa, leer libros, meditar o descansar.

¿Qué pasa cuando se te acaba la dopamina?

Someter constantemente a tu cerebro a una serie de incrementos de dopamina durante años puede hacer que la fuente se «seque». Para ser preciso, lo que harás es desensibilizarte de la dopamina, lo que implica una reducción a largo plazo de la actividad del receptor D2 y la producción de dopamina. Seguramente, la forma más sencilla de identificar una adicción es el adormecimiento de la respuesta de recompensa.

Las adicciones suelen empezar como pequeños hábitos que van haciéndose progresivamente más difíciles de controlar. Todos somos susceptibles a ellas. Basta con visitar una agradable cafetería. Las personas siempre han buscado lugares así para comer algo, socializar y charlar. Sin embargo, hoy en día hay mucha gente a quien no le basta con quedar con un buen amigo para tomar un café con leche acompañado de una pasta o algo con chocolate. De hecho, la mayoría de la gente que está en una cafetería mira su teléfono cada pocos segundos para obtener una dosis extra de dopamina. Fíjate la próxima vez que vayas a una. Los amigos suelen sentarse juntos, pero miran sus teléfonos en lugar de platicar. Su respuesta de recompensa está adormecida y la acumulación de dopamina parece la única forma de conseguir ese seductor incremento que buscan y que cada día les cuesta más obtener. No es para nada una exageración decir que muchos somos adictos a la dopamina.

Otro ejemplo de esto sería la gente que trabaja mucho y muchas horas gracias a la determinación que les proporciona la dopamina. Poco a poco, de forma gradual y casi imperceptible, su respuesta de recompensa empieza a desvanecerse y puede que empiecen a usar la comida y el alcohol para conseguir los mismos efectos de acumulación. Su nivel de estrés aumentará y tendrán que esforzarse aún más, lo que, a su vez, exacerbará su estrés y reducirá su placer (y su dopamina) y acabarán compensándolo con aún más comida y alcohol. Es un círculo vicioso.

Recuerdo un viaje en tren a Malmö que realicé hace unos diez años, antes de saber algo sobre la acumulación de dopamina y la desensibilización que causa. Al otro lado del pasillo, un señor mayor iba observando el paisaje por la ventana. Yo estaba con mi *laptop*, trabajando y viendo una película. Cuando la película acabó, me puse a leer las noticias en el teléfono y a revisar mis redes sociales y acabé jugando hasta quedarme sin batería. Llegados a este punto, tomé la *Kupé*, la revista gratuita de los ferrocarriles suecos que encuentras siempre en los trenes. La leí entera de arriba abajo. Cada vez estaba más desesperado por encontrar una forma de entretenerme, a medida que la resaca de dopamina avanzaba por mi cuerpo a pasos agigantados. Había algo dentro de mí que suplicaba más. Pero a esas alturas me sentí obligado a ver afuera de las pantallas y me encontré observando de nuevo al señor mayor. Había estado sentado ahí todo el tiempo, con la misma sonrisa, mirando avanzar el paisaje al otro lado de la ventanilla durante casi dos horas. Fue entonces cuando comprendí que era adicto a la dopamina.

Tu motor de dopamina

La dopamina es tu energía positiva, la fuente que te ayuda a acabar las tareas, ya sean divertidas o difíciles, con una sonrisa y una gran sensación de satisfacción. Las seis herramientas que te mostré te ayudarán a recuperar tu energía primigenia, tu deseo natural de hacer «cosas de verdad» en la vida, y te ayudarán también a gestionar la dopamina rápida. No tardarás en ronronear con la misma elegancia que un motor de Rolls Royce bien lubricado. Sin embargo, los motores no solo ronronean; también pueden correr. La pregunta a la que aún no he dado respuesta en este capítulo es cómo podemos «inyectarnos» dopamina a voluntad para proporcionarnos una dosis inmediata de motivación y empezar el día, nuestro próximo proyecto o actividad. Vamos a ver otras cuatro herramientas relacionadas con la dopamina que te permitirán hacer precisamente esto.

HERRAMIENTA 7:
PORQUÉS EMOCIONALES

Cuando mi hijo Tristan tuvo que aprenderse las tablas de multiplicar a los nueve años, se resistió mucho. No había forma de que se sentara a estudiarlas. Al menos hasta que mi esposa, Maria, abrió una cafetería ese verano. Tristan vio la oportunidad de ganar unos ingresos extra para sus gastos y le preguntó a su madre si podía ayudarla. Ella le dijo:

—Claro que sí, puedes estar en la caja y cobrar a los clientes. —Y como es muy sociable, a él le encantó la idea. Pero Maria añadió lo siguiente—: Aunque antes tendrás que aprender las tablas de multiplicar, porque la gente acostumbra a comprar más de una cosa del mismo tipo, por ejemplo, tres paletas a cuatro pesos cada una.

Tristan entendió enseguida por qué tenía que aprenderse las tablas. Tenía una motivación y, como suele decirse, lo demás vino solo.

Yo suelo emplear uno de diez potentes «porqués» en función de la actividad para la que me estoy cargando de dopamina. Vamos a ver cuatro ejemplos de cómo obtengo un buen empujón de motivación en menos de un minuto:

1. Si no estoy nada motivado para dar una de mis clases de autoliderazgo, me siento a pensar en los años que viví enfrentándome a la depresión, en cómo ha cambiado mi vida desde entonces y en que no quiero que nadie se sienta nunca como me sentí yo.

2. Si siento que no tengo motivación para ir al gimnasio, pienso en mi padre. Era británico, un personaje legendario, solía salir de fiesta con Sean Connery y Roger Moore, y merecía algo mejor que pasar los últimos quince años de su vida sufriendo las terribles consecuencias de haber sobrevivido a tres infartos cardiacos. Infartos causados en parte y exacerbados por su decisión de no hacer ejercicio ni llevar una dieta sensata. Así, mi padre es mi fuente de motivación más potente, el porqué más importante para comer bien e ir al gimnasio regularmente.

3. Si me falta motivación para dar mi conferencia sobre *Cómo hacer presentaciones con PowerPoint que no maten de aburrimiento*, pienso en aquella reunión de padres de la escuela de mi hijo donde el maestro puso una presentación con fondo blanco y un montón de letra microscópica, apagó las luces, se quedó en un rincón y habló con voz monótona mientras señalaba la pantalla con un láser parpadeante.

4. Como soy una persona introvertida, suelo sentir ansiedad siempre que tengo que conocer a gente nueva y, si me fiara de mi intuición, cancelaría todas mis citas. En lugar de eso, sustituyo mi miedo por un porqué, que suele implicar centrarme en lo emocionante que va a ser la cita y el recuerdo de otros encuentros mágicos que he tenido con desconocidos. Este planteamiento me permite superar mis miedos.

Para crear porqués propios lo bastante potentes para poder usarlos como fuentes de motivación por encargo, tienen que estar asociados con emociones o recuerdos concretos. Como sin duda ya viste, todos mis ejemplos implican un recuerdo o emoción. Pueden ser negativos o positivos. Cuando hayas encontrado tu porqué, tienes que recordar las emociones asociadas a él e incrementar la intensidad hasta que las sientas físicamente en el cuerpo. Hay personas a quienes esto les resulta más fácil que a otras, pero todo el mundo puede hacerlo.

También puedes crear porqués emocionales exponiéndote a situaciones concretas o acudiendo a lugares que disparen la emoción que buscas. Veamos un ejemplo. Mis hijos tenían muchas ganas de tener un conejo. En realidad, dos. Sin embargo, les estaba costando mucho ahorrar el dinero necesario para comprarlos. Yo pensé que era una lástima, porque cuidar de un par de conejos era una buena oportunidad para que practicaran el mantenimiento de rutinas, los cuidados, la empatía, el respeto y todas esas cosas que aprendemos cuidando mascotas. Así que un viernes llegué a casa con dos crías de conejo. Y el domingo se las devolví al criador. ¡Por supuesto que se pusieron las pilas! Mis hijos habían descubierto los porqués emocionales de tener una mascota en casa y su impacto fue impresionante. Tres semanas después habían conseguido el dinero de muchas maneras, así que visitamos al criador y compramos los mismos conejos que había tomado prestados ese fin de semana. Admitiré que la devolución de los conejos el primer fin de semana generó alguna que otra fricción, pero el método funcionó maravillosamente. Si quieres algo, sumérgete en ello para probar cómo es lo que tanto deseas. La sensación se convertirá enseguida en tu porqué emocional y en una magnífica fuente de motivación para alcanzar tu objetivo.

HERRAMIENTA 8:
BAÑOS DE AGUA FRÍA

En un estudio llevado a cabo por el *European Journal of Applied Physiology*, se pidió a los participantes que se sumergieran en un baño de agua a 14 °C durante 60 minutos. El baño de agua fría aumentó los niveles de dopamina de los participantes un 250%. El incremento fue gradual, no subió de forma repentina pasados los 60 minutos. Por desgracia, no he visto estudios sobre los efectos de pasar intervalos más cortos en agua fría, pero pregúntale a cualquiera que tenga la costumbre de hacerlos si se siente o no con más energía la hora o el par de horas siguientes y verás que la mayoría te dicen que la experiencia conlleva beneficios más allá de mejorar tu concentración. La mayor capacidad de concentración es consecuencia de la noradrenalina que se genera al exponer el cuerpo al estrés de un baño de agua fría. Y la noradrenalina es una de las partes de (sí, lo adivinaste) ¡la dopamina!

HERRAMIENTA 9:
VISION BOARD

El poder de la mente es mucho mayor de lo que la mayoría de la gente cree. Basta pensar en las vacaciones para sentir el ligero cosquilleo de la emoción, ¿verdad? Lo mismo sucede al pensar en el teléfono, el coche o la parrilla nuevos que queremos comprar. ¿Verdad que es una sensación agradable? ¿Verdad que te motiva a trabajar para lograrlo? Sin embargo, en cuanto te pones a pensar en otra cosa, la dopamina que acabas de sentir ya no te jala con la misma fuerza. Como la mayoría tenemos una memoria regular, los tableros de visión o *vision boards*, en inglés, son una herramienta esencial para todo el mundo.

Tendrás que comprar un papel o una cartulina grandes, plumones de colores, un buen par de tijeras y un portarretratos. Pega imágenes sobre tus sueños y aspiraciones en el papel. Escribe frases y citas que te recuerden quién quieres ser o qué deseas crear. Básicamente, lo que estás haciendo es crear una imagen del futuro que quieres. Cuando acabes, enmárcalo y cuélgalo en la pared de tu dormitorio, del baño o, por qué no, en el interior de la puerta del ropero. Después, adopta la rutina de dedicar tiempo todas las mañanas a observar tu *vision board*, mientras te estiras o te lavas los dientes. Asegúrate de sentir lo que describes en él e intenta saborear tus sueños y objetivos. Esto te proporcionará dopamina instantánea. Sentirás crecer literalmente la motivación y notarás que te llenas de energía. Un buen truco es elegir una cosa del *vision board* para practicar o concentrarte específicamente cada día. No dudes en sacarle una foto y ponerla como fondo de pantalla de tu computadora o teléfono, para poder tener pequeñas dosis de ánimo a lo largo del día, estés donde estés.

HERRAMIENTA 10:
INERCIA

La mayoría conocemos la misteriosa ayuda que nos puede proporcionar la inercia una vez que empezamos a hacer algo. Cuando nos obligamos en serio a ir al gimnasio cuatro veces en una semana, nos sorprendemos afirmando que podríamos seguir haciéndolo para siempre. Pero con el tiempo enfermamos, o nos vamos de vacaciones un par de semanas, y después nos cuesta mucho recuperar el ritmo. Parece que, básicamente, la inercia produce dopamina por sí sola. Si vas al gimnasio regularmente durante un tiempo y empiezas a ver los resultados, esto reforzará tu motivación para seguir yendo. Lo bueno de esto es que puedes hacerlo para arrancar tu motor de dopamina. Basta con entender que necesitas recuperar esa sensación, es decir, ¡ponerte en movimiento! Una vez que te decides a hacer algo, es muy probable que esto dispare la producción de dopamina, lo que, a su vez, disparará la producción de más dopamina, ¡y rápido! La máquina no tardará en volver a alimentarse sola. Sin embargo, no debes olvidar que la dopamina caduca enseguida y que dejar pasar demasiado tiempo entre una actividad y otra puede hacerte perder de nuevo la inercia. Y, por último, tu actitud frente a la actividad en sí tendrá también un gran impacto en tu experiencia. ¿No te has percatado de que convencerte de que tal experiencia o actividad compensa, es deseable o placentera, te ayuda a sentir más satisfacción con ella e, incluso, a aumentar tu determinación?

DOPAMINA: EL RESUMEN

Tu coctel celestial se puede elaborar con dos variedades distintas de dopamina. Por un lado, está lo que yo denomino la dopamina rápida, que defino como incrementos sin un propósito a largo plazo para ti, como comer chocolate, deslizar la pantalla de tu teléfono sin prestar mucha atención o comerte una bolsa de frituras. Añade un poco de dopamina rápida a tu coctel celestial y permítete disfrutar de las cosas buenas de la vida, ¡yo lo hago! Sin embargo, deberías evitar acumular estos placeres. Un mejor enfoque consiste en porcionarlos. Date el capricho en pequeñas dosis y evita conectar tu motivación con recompensas externas. Luego está el otro tipo, la dopamina lenta, que debería ser el ingrediente principal del coctel celestial. Yo la defino como las inyecciones de dopamina que te proporcionan un beneficio real, inmediato o futuro. Algunos ejemplos de esto son aprender algo nuevo, hacer ejercicio, practicar la creatividad, socializar, resolver crucigramas o ver las dificultades como oportunidades de crecimiento en lugar de problemas que hay que superar. Si reduces tu ingesta de dopamina rápida, no tardarás en notar que recuperas el deseo natural de obtener dopamina lenta. Para añadir aún más dopamina lenta a tu coctel celestial, puedes identificar tus porqués emocionales, crear un *vision board*, tomar inercia y tomar baños de agua fría.

2

OXITOCINA

Conexión y humanidad

—¡Guau! ¡Mira qué atardecer! Es mágico. ¡Ven enseguida!

Algo te seduce, te subyuga, y el tiempo se detiene un instante. Tu respiración se relaja, se hace más profunda y se calma, y tú percibes una inesperada sensación de armonía y bienestar, aunque el cielo que estás mirando sea el mismo al que no prestaste atención esta misma mañana. Tu estado de ánimo puede alterarse así con una flor bonita, unas vistas increíbles o al ver dar sus primeros pasos a tu hijo. Lo que estás experimentando es una emoción, el *asombro*, que consiste en sentirse pequeño frente a la majestuosidad, y que con frecuencia se percibe como mágica. Se ha escrito mucho sobre el asombro, que suele considerarse un tipo de emoción independiente de las demás. El asombro también dispara la liberación de serotonina y dopamina, pero yo decidí explicarlo en el capítulo sobre la oxitocina, porque la oxitocina tiene la única función de forjar la conexión entre tú y los demás, entre tú y los objetos o entre tú y algo más grande que tú. Esta última conexión, que es el resultado del asombro, se da usualmente mediante experiencias relacionadas con la naturaleza, el cosmos o la religión, que es esencialmente la creencia en algo más grande que tú.

La oxitocina es un neuropéptido en el cerebro y una hormona en la sangre que lleva a cabo una serie de funciones muy diversas. Sin embargo, en este capítulo nos vamos a centrar en las más relacionadas con la psicología humana. Ahora, déjame que te explique por qué deberías añadir más oxitocina a tu coctel celestial diario.

La oxitocina es una maravilla. No, en realidad es mejor. Yo creo que es la sustancia cerebral más importante de las relacionadas con la psicología. Es la que contribuye a tu sensación de presencia, de completitud y, en los contextos adecuados, de confianza, compasión, conexión y generosidad.

Imagina que te cruzas con un desconocido por la calle y le das un abrazo. ¿Elevaría eso sus niveles de oxitocina y le haría confiar más en ti, sentir más compasión, conexión y generosidad hacia tu persona? Lo dudo. En cambio, si le das un cariñoso abrazo de consuelo a un amigo, es más probable que este confíe más en ti y sienta mayor compasión, conexión y generosidad hacia tu persona. Por tanto, esto significa que la oxitocina depende del contexto y que en general se va disparando de forma gradual entre las personas. Por desgracia, como todas las sustancias, la oxitocina también tiene un lado oscuro del que hablaremos más adelante. Por ahora, vamos a sumergirnos en su lado luminoso y a explicar cómo puedes proporcionarte dosis de ella todos los días, tanto como tú quieras.

Quiero que vuelvas a leer estas palabras una vez más: presencia, completitud, compasión, conexión, generosidad, confianza. Detente aquí un instante. No sigas leyendo aún. Deja que esas palabras se asienten y valora el enorme impacto que tienen en tu vida y en tus relaciones.

Vamos a volver a visitar a Duncan, nuestro amigo de la Edad de Piedra. Es un viernes de hace unos 25 000 años, un día que no olvidará. Como de costumbre, está en su humilde cabaña de colmillos de mamut, ramas y arcilla. Está acostado en su interior, oyendo la lluvia caer afuera y admirando una canasta de manzanas rojas silvestres que estuvo recogiendo durante la última semana. En su satisfacción placentera, constata que debe de estar alucinando de nuevo, porque tiene la nítida sensación de que hay alguien de pie afuera de la cabaña, golpeando con los nudillos los colmillos de mamut y carraspeando. Mira a través de las paredes de paja y se dice que se ha acostumbrado a las alucinaciones después de unas desafortunadas experiencias tras probar una amplia variedad de hongos del bosque. Sin embargo, esta alucinación parece distinta de casi todas las demás: no se desvanece, sino que persiste y no cambia. De repente, se queda paralizado: ¿en serio? Esto no puede estar pasando. No puede ser. Se queda inmóvil en su cama, incapaz de decidir si lo que siente es pánico o dicha. ¿Podría ser verdad? Ha pasado tanto tiempo desde que se cruzó con alguien de su especie que casi no recuerda qué aspecto tienen. Otro golpe con los nudillos. Duncan sale de su cama de paja y camina hacia el umbral, donde se encuentra con una mujer de su especie exhausta, empapada y lastimada. Tiene el rostro más bello que ha visto jamás.

Si el cuerpo de Duncan no hubiera contenido oxitocina, seguramente le habría cerrado la puerta en la cara y habría regresado a la cama. Pero gracias a la oxitocina y a otras sustancias, Duncan siente inmediatamente empatía por esa desconocida que está en un estado lamentable, la deja entrar inmediatamente en su cabaña de mamut y le ofrece un lugar al lado de su crepitante hoguera.

Los días pasan y hablan mientras toman té de arándanos y pastel de manzana. Ella se llama Grace y le cuenta que se perdió hace unos cuantos meses y no fue capaz de regresar con su tribu. Cuanto más saben el uno del otro, más oxitocina producen y más se estrecha el vínculo que los une. Empiezan a establecer contacto físico, lo que dispara aún más la liberación de oxitocina, hasta que, un día, se enamoran apasionadamente, lo que enseguida deriva en interacciones sexuales que aumentan aún más su oxitocina. Nueve meses después, tus ancestros Duncan y Grace se convierten en padres cuando dos preciosas criaturas, Elsie e Ivor, llegan al mundo. La oxitocina que los conecta a todos constituye un lazo imposible de romper. Ahora son una familia que se respeta, se ama y se escucha. La oxitocina también los vincula con su hábitat, el lugar donde viven. Los hace amar ese lugar en concreto y todos los recuerdos que allí han creado.

De vuelta a la realidad

¿Te has percatado de que sueles experimentar más malentendidos y fricciones y a tener más discusiones en tus relaciones cuando estás bajo de oxitocina? Es lo que sucede cuando no hablamos, nos tocamos o encontramos tiempo para estar con la otra persona. Lo contrario a esto es lo que pasa cuando quienes tienen una relación se tocan, se escuchan y tienen tiempo para el otro. Hay cierto dicho al respecto, que a mí me hace mucha gracia: nunca tomes una decisión importante antes de tener sexo, ¡ni después! En un estudio llevado a cabo por Andrea L. Metzer, de la Universidad Estatal de Florida, se halló que ambas partes experimentaban una mejora significativa en la relación después de tener sexo, que duraba hasta 48 horas. Así que este es un motivo confirmado científicamente para tenerlo al menos cada 48 horas. Durante las relaciones sexuales se liberan cantidades enormes de oxitocina y otras sustancias. Lo mismo sucede durante las interacciones físicas más sutiles, como abrazos prolongados, besos, masajes y caricias. Sin embargo, lo que resulta aún más interesante es que se obtiene la misma reacción mediante el contacto visual, las muestras de amabilidad y la escucha activa de la pareja. De hecho, sería una magnífica idea que interrumpieras ahora mismo la lectura de este capítulo y te esforzaras en introducir estos ocho ingredientes en tu relación. Como sin duda has percibido en numerosas ocasiones, los efectos positivos de tener una buena relación tienden a influir en la mayoría de las áreas de nuestra vida. Pero, claro está, aún te quedan muchas cosas que aprender en este ámbito, así que, por favor, sigue leyendo.

Cuando la gente me pregunta: «¿Cómo puedo ser un buen amigo?», «¿Cómo puedo ser popular?» o «¿Cómo puedo ser el tipo de persona con quien los demás desean pasar tiempo?», mi respuesta es sencilla: conviértete en el mejor escuchador que puedas y aprende a interesarte por los demás. Según mi experiencia, los individuos más populares en las vidas de los demás, quienes proporcionan más oxitocina, son quienes practican la escucha activa, quienes se preocupan por los demás y son amables. A esos no los olvidamos. Al contrario, nos preocupamos por ellos y les mostramos respeto. Si te detienes un momento y piensas en tus amigos, estoy seguro de que serás capaz de nombrar y hacer una lista de las personas que conoces que se preocupan genuinamente por ti cuando les cuentas algo íntimo, ya sea positivo o negativo. Y, sin duda, pensar en ellas hará que esboces una leve sonrisa.

Además de dedicar mucho tiempo a nuestras parejas, también pasamos una gran cantidad de horas en nuestros lugares de trabajo. Aquí la oxitocina también tiene un papel muy importante y puede incluso influir en el éxito de nuestros negocios. En una cultura en la que los compañeros de trabajo se preocupan y se cuidan los unos a los otros y comparten lazos de lealtad, tanto la oxitocina como los beneficios serán abundantes.

Ahora que hemos entendido el impacto psicológico de la oxitocina sobre nuestro bienestar, ha llegado el momento de convertirnos en nuestros propios meseros para aprender a producir más oxitocina para nosotros y para los demás en nuestra vida cotidiana. Reflexiona sobre cómo la estás usando ya en tu vida y cómo podrías empezar a hacerlo si no es así.

HERRAMIENTA 1:
ASOMBRO

Empecemos por el asombro, la emoción de la que hemos hablado en la introducción de este capítulo. El asombro es una respuesta emocional que aparece al ser consciente de la existencia de algo superior a nosotros, algo que nos resulta difícil de comprender. Por ejemplo, emocionarse con el arte o la música puede disparar el asombro, y también pueden hacerlo las experiencias en la naturaleza, algo más común. Las experiencias colectivas potentes, como los conciertos o los grandes mítines políticos, también pueden provocar asombro. Pero vamos a empezar nuestra exploración en el bosque. Imagina un bosque de caducifolias, con enormes robles, olmos y arces, donde las primeras hojas caídas en otoño empiezan a cubrir el suelo. Un pájaro carpintero curioso se lanza en picado entre los troncos. En un estudio de Virginia E. Sturm, de la Universidad de Berkeley, en California, se pidió a los participantes que dedicaran quince minutos todos los días a caminar por un bosque muy parecido al del ejemplo. Debían hacerlo durante ocho semanas y tomar *selfies* en momentos concretos de sus paseos. Un grupo también recibió una lista de instrucciones que incluía la siguiente: «Durante el paseo, intenta acercarte a lo que veas con una mirada fresca, imaginando que estás viéndolo todo por primera vez. Dedica un momento en cada paseo a contemplar la enormidad de las cosas, por ejemplo, una vista panorámica o los pequeños detalles de una hoja o una flor». El otro grupo no recibió más instrucciones y solo se les dijo que pasearan y se tomaran fotos.

Ambos grupos tenían que evaluar cada paseo mediante una encuesta y en el grupo al que se le indicó que experimentara asombro se detectó una mejora gradual de su capacidad para hacerlo y una mayor sensación de reverencia después de cada paseo. Sus autoevaluaciones también mostraban un incremento de las emociones prosociales como la compasión y la gratitud, en comparación con el grupo de control que se limitó a pasear sin más.

Lo que más me fascina de este estudio es que los participantes del grupo de paseo con asombro empezaron a tomarse las *selfies* de una forma distinta. Cambiaron dos aspectos de sus fotografías. El primero fue que sus rostros y sus cuerpos empezaron a ocupar menos espacio en la imagen a medida que avanzaban las semanas. El segundo cambio fue que cada vez mostraban más sonrisas genuinas. Virginia E. Sturm, directora del estudio, comentó lo siguiente: «Una de las características claves del asombro es que promueve lo que denominamos "pequeño yo", una sensación sana de equilibrio entre el yo y el conjunto del mundo que te rodea». Era obvio que las reflexiones y los pensamientos de los participantes del grupo de paseo con asombro habían pasado de estar centrados en sí mismos y en sus problemas a tener una perspectiva más holística y ser más agradecidos.

Entonces, ¿cómo puedes usar el asombro para agregar un coctel celestial de oxitocina a tu vida cotidiana? Siendo consciente de la grandeza de las cosas pequeñas. Practica el asombro pensando en cómo ha llegado a existir una piedra, cómo pueden volar los pájaros, la caída de las hojas de los árboles en otoño y la singularidad de cada copo de nieve. Recuerda, eso sí, que tendemos a centrarnos demasiado en los impactos visuales, porque la vista es nuestro sentido dominante. No olvides experimentar los aromas, los sonidos y las sensaciones físicas, y tus pensamientos sobre todos los fenómenos únicos y magníficos que nos rodean.

Y, ya que estamos en eso, me gustaría compartir contigo otro estudio fascinante sobre el asombro, llevado a cabo por Y. Auxéméry. Se dio la oportunidad de hacer *rafting* a 72 militares retirados y 52 jóvenes con problemas y se les animó a experimentar asombro durante la excursión. Los resultados se compararon con los de grupos que fueron a hacer *rafting*, pero a quienes no se indicó nada en concreto sobre el asombro. En el grupo del asombro se detectó una reducción del 29% en los síntomas del TEPT (trastorno de estrés postraumático), un 21% de reducción del estrés, un 10% de mejora en las relaciones sociales, un 9% de aumento de la satisfacción vital y un 8% de aumento de la felicidad. Algunas de estas cifras son muy destacables, sobre todo cuando tomamos en cuenta que todas se reducen a un único factor: hacer una pausa deliberada e intentar experimentar asombro.

Es importante mencionar que en los estudios donde se solicitó a los participantes que experimentaran asombro por cosas creadas por humanos, los efectos fueron, en general, más discretos que cuando se les animó a asombrarse con las maravillas de la naturaleza.

HERRAMIENTA 2:
EMPATÍA

Este es un consejo excelente para añadir una dosis de oxitocina inmediato a tu coctel celestial: cuando llegues a casa y te reúnas con tu familia tras un día frenético de juntas, trabajo y discusiones acaloradas, tómate una pausa dentro del coche o en la puerta de casa. Saca el teléfono y mira un video que dispare tu empatía. Un par de minutos bastarán. Después, entra. Esto puede suponer una diferencia enorme. Si te limitas a entrar, borracho de coctel infernal mezclado con enormes dosis de cortisol y dopamina rápida, puede que ni siquiera percibas sus intentos de establecer contacto visual o sientas de verdad sus abrazos ni escuches lo que tienen que decirte. Pero ahora, gracias a una dosis estratégica de oxitocina, podrás verlos, escucharlos y sentirlos de verdad. Es igual de importante que ellos también perciban la diferencia. La gente dice que el tiempo es la moneda más valiosa del mundo, pero a mí me gustaría decir que la presencia es el auténtico equivalente del valioso oro. Tengo que añadir que este consejo puede resultarte igual de útil para tu vida profesional, al menos si eres el jefe o te dedicas a las ventas.

Un incremento de oxitocina puede marcar la diferencia en situaciones estresantes como reuniones, presentaciones y negociaciones. Quizá te suena esta situación: te preparaste muy bien y dedicaste doce horas de trabajo a tu presentación de diapositivas. Llevas el cinturón bien ajustado y los zapatos brillantes y te sientes preparado para causar una buena impresión. Sin embargo, en el momento de subir al escenario sientes un nudo en la garganta y te quedas en blanco. No recuerdas ni una palabra del guion que has estado practicando para decirlo a la perfección. Acabas haciendo la presentación con tropiezos, sudando muchísimo, y bajando del escenario sin tener la menor idea de qué es lo que has estado diciendo. ¿Qué sucedió? La respuesta es que tuviste una sobredosis de cortisol y adrenalina y que tu cerebro ha decidido repentinamente que tu público era un grupo de tigres dientes de sable que iban por ti. Sin embargo, de haber sabido que tenías que proporcionar a tu cerebro una inyección de oxitocina antes de subir al escenario, podrías haber controlado la situación con mayor eficacia y haber dado una conferencia mejor. Como ves, la oxitocina tiene dos grandes ventajas: reduce tanto tu nivel de cortisol como tu presión sanguínea.

Como conferencista, he estado en miles de escenarios. También he analizado a otros miles de conferencista y he llegado a la conclusión de que el error que muchos cometen es dedicar los últimos minutos antes de empezar con su discurso a repasar la introducción, o el guion, o pensar en las preguntas que les pueden plantear. Lo único que se logra con esas actividades es generar más estrés del necesario. En lugar de eso, lo que yo recomiendo es dedicar esos últimos diez minutos a adoptar el estado mental deseado. Yo suelo mirar una fotografía de mi hija cuando acababa de cumplir siete años, donde aparece corriendo por un prado con una sonrisa capaz de enternecer a una estatua de mármol. Unos minutos después piso el escenario en un estado que me hace estar más presente tanto para mí como para mi público. También verás que tu capacidad para recitar y recordar tu presentación mejorará muchísimo si tienes oxitocina en el cuerpo, en lugar de tenerlo inundado de cortisol y estrés. Los niveles de estrés altos tienden a limitar el acceso a la memoria a corto plazo. A estas alturas, he hecho este procedimiento tantas veces que solo pensar en la imagen hace que se me nuble la vista y me envuelve en una agradable mantita de empatía.

HERRAMIENTA 3:
TACTO

El primer contacto físico entre dos humanos no dista mucho de la danza de las grullas que se puede contemplar en abril en el lago Hornborgasjön. Y, aunque la nuestra suele ser más torpe y menos eficaz, es igual de entretenida. Cuando conocemos a alguien, al principio guardamos distancia. Puede que hagamos un gesto de saludo o, si nos sentimos confiados, un apretón de manos largo con las dos manos. Al asumir que ambos constatamos que podemos obtener un beneficio mutuo, en nuestro siguiente encuentro podemos darnos la mano con más delicadeza, esta vez sin el clásico gesto de inclinarnos hacia delante. La danza evoluciona y, en el encuentro número tres, puede que uno de los dos tenga valor para tocar el hombro o el brazo del otro, y quizá nos sentemos dos o tres centímetros más cerca durante la comida. Unas semanas después hemos pasado a saludarnos con un abrazo y, *voilà!* Gracias a esta sistemática «danza del tacto» intimamos, establecimos una confianza mutua y aprendimos a trabajar mejor juntos.

No hay necesidad de vino ni de subtexto romántico: es un proceso, o una danza, que la mayoría de las personas ejecutan cuando se están conociendo, en todo tipo de relaciones. No es muy extraño, en realidad, si tenemos en cuenta que la oxitocina se segrega siempre que alguien nos toca y que eso es lo que deseamos inconscientemente. Invadir el espacio de un desconocido al azar, darle un abrazo de veinte segundos y, a continuación, mirarlo a los ojos con mucha intensidad es un comportamiento bastante antisocial, pero es el que se espera y se aprecia, en general, entre amigos íntimos.

Teniendo esto en cuenta, quizá no sea tan extraño que a algunas personas les afectara más que a otras el aislamiento que todos padecimos en pleno auge de la pandemia de COVID-19. En aquel momento, los *packs* de doce latas de oxitocina habrían volado de las estanterías si se hubieran podido comprar. Experimentamos colectivamente un grado de aislamiento quizá sin precedentes en la época moderna. Los estudios también han mostrado que esto no fue precisamente bueno para nuestra salud mental; la falta de contacto humano condujo a un aumento de trastornos como la ansiedad y la depresión.

Pero eso no es todo. Sheldon Cohen, de la Universidad Carnegie Mellon de Pittsburgh, llevó a cabo otro estudio sobre la importancia de la oxitocina. Si alguien te llamara un día para preguntarte si puede infectarte con un virus de resfriado común para un estudio, seguramente responderías con cautela y escepticismo. Sin embargo, el equipo logró reclutar a 406 participantes para su estudio, que recibieron encuestas de autoevaluación durante dos semanas para monitorizar el número de conflictos experimentados en sus relaciones y el número de abrazos recibidos. Después, los 406 se expusieron al virus. Sorprendentemente, o quizá no tanto, los sujetos que habían recibido muchos abrazos eran menos susceptibles de infectarse y los que lo hicieron experimentaron síntomas más leves, mientras que el sistema inmunitario de quienes recibieron menos abrazos y tenían más conflictos lo pasó peor. Un estudio con coyotes obtuvo resultados parecidos, que sugieren que la falta de oxitocina causada por el aislamiento podría causar muerte cerebral.

Para que el tacto influya de forma positiva en tu coctel celestial solo debes esforzarte por crear cercanía con alguien, pasar tiempo con amigos, invitar a los demás a ser cercanos, abrazar, dar la mano u ofrecer un masaje. Ten en cuenta que puedes obtener los mismos efectos interactuando con animales. La

mayoría de los estudios sobre este tema han empleado pe-
rros, pero seguramente se obtendrían los mismos resultados
si estudiáramos el efecto que tienen otros animales a quienes
consideramos nuestros «mejores amigos». Si no tienes muchas oportunidades de experimentar cercanía, ya sea con humanos o con animales, también puedes conseguir la sensación de ser tocado activando los nervios sensoriales mediante
la aplicación de una presión estática de leve a moderada sobre la piel. Una forma de lograrlo es dormir con una cobija
pesada, según un estudio de Kerstin Uvnäs-Moberg. Y, hablando de cobijas, ¿conoces esa sensación increíblemente
agradable cuando tienes frío y te metes en una cama calentita y recién tendida con sábanas limpias? Aunque no hay ningún estudio, que yo sepa, que demuestre en concreto que
esto produce oxitocina, mi sensación es muy parecida a otras
experiencias similares. Aunque Pruimboom y Reheis hicieron
un estudio que podría respaldar esta teoría, porque lograron demostrar que las situaciones en las que experimentamos
calor, como cuando nos damos un baño de agua caliente, liberan oxitocina. De modo que si sumamos dos y dos, y esta-
blecemos que la cobija estimula los nervios sensoriales de la
piel al mismo tiempo que retiene nuestro calor corporal, es
bastante plausible que la sensación agradable que describí
antes sea provocada, al menos en parte, por la oxitocina.

HERRAMIENTA 4:
GENEROSIDAD

La generosidad es mi estrategia favorita cuando necesito una
dosis de oxitocina para mi coctel celestial. La amabilidad de
toda la vida es una genialidad, porque puede impulsar a una

especie de autorrefuerzo que nos motiva a ser aún más generosos en el futuro. En un estudio de Jorge A. Barraza y Paul J. Zak se mostraban videos emocionalmente neutros a uno de los grupos de participantes y al otro, videos que disparaban la empatía, como, por ejemplo, personas atravesando una crisis o siendo amables con los demás. Los participantes del grupo que promovía la empatía experimentaron un aumento de su nivel de oxitocina de aproximadamente el 47% en comparación con su nivel de referencia. Cuando pienso en mi propia carrera profesional, he conocido a comerciantes que me decían sin tapujos que «si explicas demasiado, no hay manera de vender nada». Yo sospecho que, en realidad, es al contrario, y que mi estrategia fue lo que en realidad sentó las bases de mi éxito como conferencista. Compartir por compartir, sin ninguna otra finalidad, y no esperar nunca nada a cambio es una estrategia muy potente.

Cuando era muy joven, fui copropietario junto con un amigo de una tienda de artículos de pesca. A mí me encantaba pescar, por lo que pensé: «¿Y por qué no abrir una tienda?». Además, era una buena actividad para compaginar con las clases. Como muchas otras tiendas de artículos de pesca, solíamos ir a conferencias sobre el tema, que eran experiencias bastante peculiares. Recuerdo una en concreto muy poco convencional. Tuvo lugar en Fäviken, Åre, un lugar de una belleza mágica. Yo estaba en nuestro estand el primer día cuando se acercó un hombre a mirar nuestros equipos de pesca. Nos pusimos a hablar y le pregunté si conocía algún buen lugar donde ir a pescar en aquella zona para acercarme con mi equipo por la tarde. ¡Se le iluminó la cara! Me explicó con todo lujo de detalles cómo llegar a su lugar favorito y, por si no entendía con sus indicaciones, me dibujó un mapa. Cuando por fin dieron las cinco de la tarde y era hora de dar el día por finalizado, regresó y me dijo:

—¿Sabes qué? Creo que es mejor que te acompañe, porque el mapa que te hice no se acaba de entender del todo.

De modo que lo seguimos con nuestro coche unos 25 km por una ruta que no le quedaba de paso en absoluto. Al llegar, nos dijo:

—Como no tienen barco, pueden usar el mío. Aquí tienen las llaves, estaciónenlo en el mismo sitio cuando acaben.

Estaba radiante y alegre, igual que nosotros. Pero la cosa no terminó ahí. El último día de la feria, se acercó a decirnos:

—La próxima vez que vengan a la conferencia, pueden quedarse en mi cabaña. Yo en estas fechas no la uso. ¡Gratis, por supuesto!

No me quedó más remedio que preguntarle por qué estaba siendo tan amable con nosotros.

—Lo soy con todo el mundo, me sienta bien a mí y les sienta bien a los demás, es como un elixir que alarga la vida —dijo, y se echó a reír.

Este recuerdo quedó grabado en mi mente e incluso empecé a entender a qué se refería al decir que la generosidad es un elixir que alarga la vida. Un ingrediente de esa poción mágica es, sin duda, la oxitocina, aunque es obvio que la dopamina también influye. Como ves, se ha observado que los niveles de oxitocina en nuestro cuerpo aumentan significativamente cuando ayudamos a otros seres humanos, lo que, a su vez, reduce nuestros niveles de estrés y mejora nuestra salud. Además, y esto resulta muy interesante, nuestros niveles de oxitocina se incrementan de forma natural a medida que envejecemos, lo que significa que, a medida que cumplimos años, nos resulta más natural estar dispuestos a dar apoyo. Aunque siempre hay excepciones que confirman la regla, claro está.

HERRAMIENTA 5:
CONTACTO VISUAL

Si un caballero llamado Arthur Aron te pide alguna vez que dediques diez minutos de tu tiempo a plantear una serie de preguntas íntimas a una persona desconocida y, a continuación, a pasar cuatro minutos mirándola a los ojos, seguramente te resultará más sencillo afrontar lo que vendrá después si no tienes pareja. Verás, resulta que este estudio hizo que algunos de sus participantes descubrieran que experimentaban «emociones de amor» por la otra persona. Una de las parejas llegó a casarse seis meses después de participar en el estudio.

Quizá no llame mucho la atención que el contacto visual entre humanos dispare una descarga de oxitocina y tal vez podríamos deducir que interactuar con animales tiene resultados parecidos, pero ¿sabías que esto también funciona, al parecer, en video? Según un estudio llevado a cabo por la Universidad Tampere de Finlandia, el contacto visual mediante video puede tener unos efectos psicológicos similares a los encuentros reales en el espacio físico, pero solo si la conexión en video es en directo. Durante la pandemia de COVID-19 di centenares de conferencias digitales a personas de todo el mundo sobre cómo hablar en público, presentar y liderar reuniones en el entorno digital. Con frecuencia, usaba las cámaras de los participantes para dar ejemplos y hacía comentarios del estilo: «Veo que hoy tenemos doce ángulos que nos permiten examinar los vellos de la nariz, ocho proyecciones de la frente, cinco análisis de cera de los oídos y dos personas que sí se han preocupado por este tema». Me refería, claro está, a cómo habían encuadrado sus cámaras los participantes. En promedio, solo dos miembros de cada grupo se salvaban. ¿Qué hacían ellos que no hicieran los demás? Alineaban sus cámaras con su mirada y situaban una fuente de luz cálida para que la piel de su rostro se viera radiante. Miraban de frente a la cámara y parecían vivos. Después de esto, pedía a todo el mundo que dedicara diez minutos a ajustar la posición de sus cámaras. ¡El cambio era impresionante! Que todo el mundo se pudiera mirar a los ojos marcaba una enorme diferencia. Algunos, sin embargo, se mostraban decepcionados: «Entonces, ¿insinúa que hemos pasado casi dieciocho meses haciendo todo mal y disminuyendo nuestra conexión?». Visto así, reconozco que suena a fracaso.

Me preguntan con frecuencia si hay alguna pastilla que te proporcione un incremento de oxitocina. Y la respuesta es sí. La oxitocina es una de las principales sustancias que se liberan al consumir MDMA o éxtasis, pero eso no es más que un atajo insostenible a largo plazo y que puede resultar dañino.

Hay, en cambio, una forma menos ilegal para proporcionarte una dosis de oxitocina: un aerosol nasal con receta que se usa sobre todo para ayudar a las madres que acaban de dar a luz a provocar el incremento de leche. Este aerosol nasal se emplea también en los estudios sobre los efectos de la oxitocina. Se debate si de verdad tiene efectos medibles, pero el consenso parece inclinarse hacia la idea de que sí funciona, aunque solo en circunstancias muy concretas.

A pesar de la existencia del MDMA y los aerosoles nasales de oxitocina, yo creo que siempre es mejor aprender a usar el laboratorio químico que todos llevamos dentro del cerebro. Sin embargo, hay personas para quienes el aerosol nasal de oxitocina puede ser de gran ayuda, ya que se ha demostrado que tiene una larga lista de efectos a largo plazo, entre ellos la reducción de la presión sanguínea y los niveles de cortisol, el aumento de la tolerancia al estrés, el alivio del dolor, la reducción de los tiempos de cicatrización, una mayor capacidad de leer las expresiones faciales y detectar la intencionalidad en la voz e innumerables efectos prosociales, como el deseo de pasar más tiempo con otras personas. Lo interesante de esto es que muchos efectos parecidos se obtienen al producir oxitocina mediante herramientas no médicas. Esto incluye contar con una sólida red de personas a tu alrededor y pasar tiempo con gente que te caiga bien.

HERRAMIENTA 6:
MÚSICA RELAJANTE

¿Te has puesto a pensar alguna vez en por qué a veces decides ponerte a escuchar música relajante? Seguramente hay montones de motivos, pero es probable que todos sean cosas de las que necesitas recuperarte. Quizá tu cuerpo es lo bastante listo para entender que la música relajante contribuye a la recuperación. Según un estudio de Ulrika Nilsson, del Instituto Karolinska, algo tan sencillo como escuchar música relajante durante treinta minutos puede aumentar los niveles de oxitocina de los pacientes durante un postoperatorio y, así, acelerar su recuperación. En otras palabras, puedes elegir escuchar música relajante cuando quieras reducir tu estrés y mejorar tu recuperación. ¡Autoliderazgo en acción!

Ahora bien, si quieres ir un paso más allá y obtener aún más oxitocina de la música, ¡siempre puedes cantar! Verás, resulta que cantar aumenta tus niveles de oxitocina y esto es cierto tanto si eres *amateur* como profesional de la canción, según un estudio sueco llevado a cabo por Christina Grape y su equipo en la Universidad de Upsala. Un descubrimiento interesante que hicieron fue que cuando se pidió a ambos grupos (*amateurs* y profesionales) que autoevaluaran su bienestar después de cantar, los *amateurs* dijeron sentirse más felices y eufóricos, mientras que los profesionales, no. Sin embargo, ambos grupos sí afirmaron sentirse más concentrados y relajados después de cantar. Los cantantes profesionales se esforzaban mucho en hacer una buena interpretación, lo que les hacía segregar más cortisol, mientras que los *amateurs* se centraban básicamente en expresarse, lo que, por el contrario, reducía sus niveles de cortisol. Esta pequeña diferencia puede ser clave: ¡tu actitud puede alterar los efectos de la oxitocina sobre tus niveles de cortisol! Si subo a un escenario a dar una conferencia con una actitud centrada en cómo lo voy a hacer, mi experiencia será completamente distinta a si adopto una actitud centrada en pasármelo bien. Según mi experiencia, cuando eliges centrarte en pasártelo bien y en divertirte, lo que sucede casi de forma automática es que haces las cosas bien. Sin embargo, cuando te centras en cómo lo estás haciendo, lo más probable es que con esa actitud ni lo disfrutes ni te diviertas. En tal caso, los efectos secundarios suelen ser una combinación de ansiedad y estrés frente a tu actuación. Así que, amigo, amiga, te voy a dar un consejo extra: diviértete, pásatela bien y practica esta actitud de todas las formas posibles; esto mejorará automáticamente tus actuaciones.

HERRAMIENTA 7:
CALOR Y FRÍO

Aunque parezca una paradoja que la oxitocina se libere tanto cuando nos exponemos al calor como al frío, la cosa tiene sentido, y estás a punto de descubrir por qué. En primer lugar, el calor dispara la oxitocina, por ejemplo, cuando nos damos un baño de agua caliente, nos acurrucamos en una cama calentita, nos metemos en una sauna o encendemos el aire acondicionado del coche al entrar y afuera hace viento y la temperatura es de veinte grados bajo cero. Todas estas situaciones tienen algo en común: nos alivian y nos relajan. Este es precisamente el efecto que necesitamos después de pasar cierto tiempo tanto en un baño de agua fría como sudando en una sauna. Como ves, se ha observado que la oxitocina se libera en momentos de estrés ¿y qué podría ser más estresante para el cuerpo que un baño helado o una sauna finlandesa? Nuestra adrenalina y noradrenalina se disparan, las respuestas de estrés de nuestro cuerpo se intensifican y se libera oxitocina para calmarlo todo.

HERRAMIENTA 8:
GRATITUD

La gratitud es una emoción con poderes casi mágicos. Puede mejorar el bienestar, reducir el estrés y contribuir a la recuperación de determinadas lesiones y afecciones. Vamos a empezar examinando la gratitud en tres contextos distintos. Vamos a seguir a tres individuos que se están registrando en el mismo hotel.

La primera persona enfrenta la vida con ingratitud y siempre busca fallas en todo lo que la rodea. Cuando llega al hotel, se queja por haber tenido que esperar diez minutos para que le dieran un punto de recarga para su coche eléctrico. Una vez solucionado esto, y con el coche ya cargándose, se golpea el hombro contra la puerta giratoria, porque es insoportablemente lenta. Al llegar a la recepción, la fila vuelve a ser de diez minutos, que ella dedica a pensar en lo feo que es el diseño del hotel, en que hay muchos niños haciendo ruido y en que le duele mucho el hombro. Cuando por fin le dan su llave, descubre que tendrá que subir por las escaleras, porque el ascensor está descompuesto, y se queja para sí misma: «¿Para esto pago?».

La segunda persona encarna la filosofía budista de mantener un estado emocional neutro. Como la primera, tiene que esperar a que le den un punto de recarga para el coche, se golpea contra la puerta giratoria, hace fila y tiene que subir dos tramos de escaleras. Sin embargo, lo hace todo sin detenerse a evaluar si es positivo o negativo. Abre la puerta de su habitación y no vuelve a pensar en nada de ello. Sencillamente, acepta las cosas como son y esta actitud hace que se sienta genial.

La tercera y última persona llega al hotel y exclama con satisfacción:

—¡Bien! ¡Tienen puntos de recarga para el coche! ¡Qué suerte!

Mientras espera para dejar el coche cargando se alegra de poder tener la batería llena para la siguiente etapa de su viaje al día siguiente. Al entrar al hotel se golpea contra la puerta giratoria lenta, pero se ríe y agradece a la vida el recordatorio de que no debe ir todo el día corriendo de un lado a otro. Una vez dentro del hotel, ve que tiene una recepción preciosa, disfruta del delicioso aroma que llega del restaurante y admira los cuadros, la arquitectura, los colores y los muebles.

—Disculpe, perdone la espera, ¡le damos la bienvenida! Vamos a empezar con el registro.

Ella ni siquiera se ha percatado de que lleva diez minutos haciendo fila. Da las gracias al recibir la llave y se encamina hacia el ascensor, que resulta que está averiado. Pero esto le recuerda un libro que leyó y que decía que, en general, la gente es muy perezosa y siempre toma las escaleras eléctricas, así que se ríe y se dice: «Genial, ¡pues hoy haré un poco de ejercicio!». Cuando esta persona llega a su habitación, ya se tomó un coctel celestial gracias a la apreciación, la gratitud, la felicidad y el placer que ha experimentado, emociones colmadas de oxitocina.

La mayoría de los hallazgos sugieren que tu vida mejora si eres capaz de entrenar tu mente para responder a distintos escenarios como los individuos dos y tres. La actitud budista de aceptar las cosas como son y no valorarlas como buenas o malas puede ser maravillosa. Es especialmente útil en situaciones donde prevés experimentar cambios rápidos entre sentimientos de éxito y fracaso. Un ejemplo sencillo de esto son las redes sociales. Si publicas algo que no obtiene buenos resultados, esto te puede afectar negativamente y, en cambio, lo que recibe buena respuesta puede ponerte de muy buen humor. Sin embargo, dejar que las reacciones de los demás te afecten mucho puede acabar convirtiéndose en una montaña rusa emocional muy desagradable y la actitud budista puede ser una forma magnífica de gestionar esto. Por otro lado, también podemos imitar a la tercera persona del ejemplo del hotel: en lugar de centrarnos en las reacciones de los demás, podemos hacerlo en lo divertido que fue tomar una fotografía. Esto nos ayudará a distanciarnos de las emociones negativas que, de lo contrario, podríamos experimentar como consecuencia de las críticas directas o indirectas de los demás.

¿Pero qué pasa con el primer individuo del ejemplo? ¿Comportarse como él no conlleva ningún beneficio? Bueno, me atrevería a decir que te saldrán canas antes de encontrar un solo estudio que sugiera que el comportamiento negativo repetido y la ingratitud crónica proporcionan beneficios de algún tipo. La neutralidad, la positividad o una combinación de ambas cosas son el tratamiento correcto si quieres tomar mejores decisiones, sentirte mejor, disfrutar de mejores relaciones, sufrir menos enfermedades, vivir más y otras cosas bastante importantes en la vida.

Durante los años que pasé enfrentándome a pensamientos depresivos, la gratitud era algo de lo que carecía de forma notoria. Básicamente, era un malagradecido; me pasaba el tiempo buscando (y encontrando) fallas en todo. Ahora me parece obvio que ese era uno de los principales motivos para sentirme como me sentía. Escupía pensamientos negativos a diario y eso me ponía en un estado de estrés constante, lo que, a su vez, mantenía bajos mis niveles de serotonina y hacía que mi cuerpo fuera más proclive a la inflamación. ¿Y qué pasaba con la oxitocina? Sinceramente, casi ni la olía, excepto por la cercanía física con mi esposa. Me había vuelto dependiente de otra persona para abastecerme de oxitocina. No sabía hacerlo mejor, claro está, pero esa dependencia nunca es divertida para ninguno de los miembros de una relación de pareja. Al fin y al cabo, se supone que la cosa debe ser mutua e incondicional. En otras palabras, no lo estaba haciendo fácil para mí.

Mi viaje fue largo, pero, con el tiempo, empecé a practicar la gratitud. Lo hice en parte con meditaciones en las que me concentraba en ser agradecido con las personas, los sucesos, las cosas, conmigo y con mis propios éxitos. Empecé un diario y escribía en él todos los días. Siempre incluía tres cosas por las que me sentía agradecido ese día en concreto. Después de un tiempo, dejé de escribir y empecé a pensar en esas tres cosas al acostarme. Enseguida se demostró que hacerlo así era tan eficaz como escribirlo y hoy en día, siete años después, sigo haciendo este ejercicio de gratitud casi todas las mañanas y las noches. Me esfuerzo muchísimo en convertir mis pensamientos negativos e ingratos en positivos y agradecidos y es una habilidad que aún tengo que seguir entrenando hoy en día. Mi vida está llena de gratitud en comparación con cómo era entonces, pero, en situaciones estresantes, suelen aflorar mis antiguos sentimientos de ingratitud y entonces tengo que obligarme a doblegarlos y sustituirlos por la pregunta: «¿Por qué cosas me siento agradecido?».

La oxitocina «oscura»

Pero la vida no es un camino de rosas. Como la mayoría de las cosas, la oxitocina también tiene sus inconvenientes y muchos los hemos experimentado de un modo u otro, aunque generalmente sin ser conscientes de ello. Ha llegado el momento de hablar de como la oxitocina puede ser también un ingrediente del coctel infernal. Quiero presentarte una empresa ficticia, que vamos a llamar Kru Eldá, S. A., que, como tantas otras, tiene un equipo de desarrollo de producto y otro de ventas. Por desgracia, ambos equipos han elegido inconscientemente usar la oxitocina oscura para generar pertenencia en sus respectivos miembros. Los comerciales critican a sus espaldas a los del equipo de desarrollo de producto. Los llaman flojos e «ingenieros sin alma».

En las pausas para el café hablan de lo horribles que son determinados miembros del equipo de desarrollo de producto y circulan rumores de que ganan mucho más dinero del que merecen. Da igual si hay algo de cierto en todo eso o no, lo importante es criticar. El equipo de desarrollo de producto, como es natural, hace lo mismo. ¿Esto funciona? Sí, funciona. Hoy en día, la empresa va de maravilla. En mi opinión, que está basada en todas las empresas que he visitado y para las que he trabajado, esta oxitocina oscura es una forma de crear vínculos laborales mucho más habitual que la oxitocina luminosa. Y sí, ¡funciona! Pero, si lo pienso bien, que algo «funcione» es aspirar a muy poco. Las personas que trabajan en empresas podrían sentirse mucho mejor y conseguir muchas más cosas. Vamos a dejarlo claro: no es que la oxitocina adquiera literalmente un matiz distinto dentro de tu cuerpo. Cuando hablo de oxitocina oscura o luminosa estoy haciendo una metáfora; es mi forma de explicar que la oxitocina tiene dos facetas que, aunque en muchos aspectos son opuestas, producen resultados parecidos.

Se cree que la oxitocina es uno de los motivos por los que existe el racismo. Nuestro deseo de pertenecer a un grupo es tan potente que puede incluso superar nuestras convicciones éticas y morales. Con frecuencia, pertenecer a un grupo es más importante que la mayoría del resto de las cosas de nuestra vida.

Lo que viene a continuación es un experimento mental interesante que tú también puedes hacer: la próxima vez que tengas un problema con un amigo cercano, o con tu pareja, fíjate en cómo vas «poniendo parches». Es increíblemente habitual que las personas a quienes les pasa esto decidan empezar a chismorrear y a decir que hay otras parejas o amigos cuya relación es aún peor o que están experimentando emociones mucho peores. Criticar a los demás para sentirnos mejor como forma de intentar reparar el daño causado por un conflicto es un buen ejemplo de cómo se suele usar la oxitocina oscura. En lugar de eso, deberías practicar la reparación de tus relaciones mediante actos de consideración, escucha, aceptación y respeto. Si tienes un puesto de liderazgo, deberías animar a los miembros de tu equipo a crear sensación de pertenencia al grupo mediante la oxitocina luminosa y no la oscura.

Entonces, ¿qué es la oxitocina luminosa? Son todas las cosas de las que ya hablamos en este capítulo. Es cuando creamos lazos con los demás escuchándolos con atención, siendo sinceros, generosos, agradecidos y amables e invitándolos a participar. Si te dedicas a la gestión o a liderar equipos en tu vida profesional, es mejor que evites las actividades que separan, como las competencias entre departamentos. En general, es preferible promover la colaboración interdepartamental, de forma que las personas se conozcan haciendo actividades y realizando tareas.

Un día, me llamó una mujer que me explicó que estaba teniendo dificultades en su trabajo en un departamento de recursos humanos, porque el equipo de gerencia de la empresa era muy disfuncional. Se trataba de una gran empresa, de las mejor cotizadas de Suecia, y ella opinaba que su reciente falta de éxito se debía en gran parte a cómo se estaban gestionando desde gerencia las fricciones y diferencias de opinión. Y me preguntó:

—Usted, que dedica gran parte de su tiempo a hacer de *coach*, ¿qué me recomienda?

Le hice algunas preguntas más y después le prometí:

—Deme un par de horas y le aseguro que lo podré arreglar.

Ella se rio de inmediato.

—No se imagina lo mucho que me he esforzado yo en conseguirlo. ¿Qué podrá cambiar usted en dos horas?

Así que le describí mi tratamiento basado en la oxitocina y ella aceptó casi de inmediato. Al llegar, infundí sensación de seguridad al equipo de gerencia. Empecé poco a poco y después les pedí a todos que contaran algún contratiempo vital que les hubiera afectado mucho. Lo hicieron de distintas formas a lo largo de dos horas. Después de esa sesión de 120 minutos, sus rostros estaban llenos de lágrimas y maquillaje corrido, se abrazaban unos a otros y se miraban de una forma distinta a como lo hacían al principio. Dos horas de hacer eso habían creado una sensación de conexión mucho más fuerte que los incontables esfuerzos que se habían llevado a cabo los últimos años y que, en última instancia, solo habían logrado incrementar la oxitocina oscura. Es muy importante no precipitarse con estas cosas. La oxitocina tarda en manifestarse y tienes que ir aumentando la intensidad poco a poco. Como ya dije, no puedes crear una conexión solo cruzándote con un desconocido por la calle, abrazándolo y mirándolo a los ojos mientras le planteas preguntas íntimas. La oxitocina oscura funciona de un modo similar. Los grupos de acosadores se forman gradualmente, mediante una sucesión de piques y actos de dominación sutiles, que se van intensificando mediante acciones que sirven para reforzar su grupo menospreciando a otro. Intenta ser consciente de estas tendencias en tu comportamiento o en el de quienes estés observando. Si eres capaz de captar a tiempo la oxitocina oscura, quizá puedas evitar que se extienda como un virus.

Yo he intentado durante mucho tiempo seguir la máxima de no criticar nunca a nadie a sus espaldas. A veces, cuando las cosas se ponen feas con algún amigo, siento el deseo instintivo de decir algo desagradable sobre otra persona, pero ahora mismo estoy en un punto en el que generalmente soy capaz de controlarme y no hacerlo. Yo considero este comportamiento una señal de alerta: si alguien decide hablarme mal de otra persona, es muy probable que también hable mal de mí a los demás cuando sienta la necesidad de hacerlo. En lugar de eso, es mucho mejor hablar directamente con la persona en cuestión.

HERRAMIENTA 9:
TUS PENSAMIENTOS

Me gustaría cerrar este capítulo hablando de narrativa y de su conexión con la oxitocina y con las emociones en general. Podrías pensar que tu vida es una historia, una narración completa con personajes, dificultades y éxitos. Es muy probable que tu cerebro esté lleno de centenares de miles de historias que te repites de vez en cuando. Cada encuentro, cada suceso que recuerdas, es una historia. Cuando escuchamos una sobre un personaje con el que nos identificamos, liberamos oxitocina. Cuando escuchamos una que nos estresa, liberamos cortisol. La técnica narrativa que emplees puede tener un papel tan importante a la hora de generar emociones como el propio contenido de la historia. De hecho, la memoria puede magnificar notablemente los sucesos cada vez que los repites al evocarlos innumerables veces. Si decides contarte repetidamente tus experiencias pasadas de gratitud, felicidad y reverencia, en lugar de tus experiencias de las emociones contrarias, estarás potenciando tu coctel celestial en lugar de tu coctel infernal. Esta es la receta: aprende a observar tus pensamientos, sé consciente de las narrativas en las que está intentando hacerte pensar tu cerebro, reflexiona sobre si las historias te hacen sentir mejor o no y después haz los cambios que consideres necesarios. Empieza ya y persevera con insistencia a la hora de superar cualquier narrativa negativa que surja. Tu cerebro puede tardar meses en empezar a contarte de forma automática historias positivas sobre ti y tus experiencias actuales y pasadas, pero vale la pena tanto el tiempo como el esfuerzo.

¿Cómo puedes observar mejor tus pensamientos automáticos? Te propongo tres cosas:

1. La meditación orientada a la focalización es una técnica excelente para distanciar los estímulos de tus respuestas, es decir, entre los pensamientos que tienes y la decisión sobre si quieres seguir o no pensando en eso.

2. La conciencia plena es un tratamiento que consiste en dejar todo de lado y centrarse únicamente en lo que estés haciendo en ese instante. Si en un momento dado notas que no estás siendo plenamente consciente, ¡en realidad es una prueba de que sí lo estás siendo! Piensa que darte cuenta de que tu mente está divagando no es una derrota, sino un éxito.

3. La tercera es una técnica que consiste en fingir que eres otra persona que te está diciendo algo del estilo de: «Estás leyendo. ¿Qué tal estás? ¿Todo bien?». A continuación, empieza un diálogo contigo mismo. La consciencia de los propios pensamientos es algo que se puede conseguir relativamente rápido, pero, independientemente de lo que tardes, vale la pena el esfuerzo. Cuando poseas esta habilidad, podrás abrir la puerta hacia tener el control total de tus pensamientos. No dudes en probarlo ahora mismo. Suelta el libro un momento y hazte preguntas como si fueras otra persona que no existe.

Yo ya hace tiempo que me entreno en la observación de mis pensamientos, casi siete años, lo que significa que soy capaz de oír casi todo lo que me pasa por la cabeza, cada palabra, cada letra y cada narrativa que elige para hacerme pensar en ello. Y ya rara vez me sorprenden las decisiones que toma mi cerebro. La mayoría son bastante predecibles, pero de vez en cuando genera un pensamiento inesperado. Cuando esto pasa, dedico un momento a intentar pensar en el origen de esta idea: ¿un artículo periodístico, una película, algo que me han dicho? ¿O ha sido un leve aroma lo que disparó algo en mi interior? Al final siempre lo acabo averiguando, ¡y es muy divertido hacerlo! Es como convertirte en detective mental. De modo que te imaginarás lo mucho que me sorprendí cuando un día, sin motivo aparente, mi cerebro decidió crear un montón de pensamientos, emociones, recuerdos e historias deprimentes. Me quedé muy sorprendido y le dije a mi esposa: «Es muy raro que me esté pasando esto. No tengo ni idea de por qué, ya intenté entenderlo, tomé notas, hice un mapa mental y estudié todas las posibles causas, pero sigo sin tener ni una pista». Esto siguió ocurriendo hasta que, dos días después, tras leer cientos de estudios, aprendí algo que sería totalmente decisivo para mí, algo sobre la relación entre serotonina e inflamación. Hablaremos de todo ello en el próximo capítulo. Pero, antes de seguir, dejé la mejor herramienta para el final.

HERRAMIENTA 10:
HO'OPONOPONO

Del centenar de herramientas que enseño, esta es sin duda la más potente de todas. El ho'oponopono es una práctica hawaiana cuyo objetivo es neutralizar la culpa y las deudas contraídas por un individuo con los demás. Esto implica pronunciar las cuatro frases siguientes, que son increíbles: te quiero; lo siento; perdóname, por favor; gracias.

Yo creo mucho en pasar a la acción, así que vamos a poner esto en práctica ahora mismo. Es muy importante que, antes que nada, te aprendas las frases de memoria para que puedas decírtelas sin tener que pararte a pensar. Una vez hecho esto, ponte cómodo, cierra los ojos y pronuncia las frases en silencio en tu mente a todas las personas que han tenido una influencia positiva o negativa en tu vida. Puedes acabar diciéndotelo también a ti. Esta herramienta tiene una potencia enorme y más o menos la mitad de las personas que la prueban acaban derramando lágrimas de gratitud. No dudes en poner también algo de música relajante de fondo. Esto te permitirá acumular aún más oxitocina. Y es mejor que tengas pañuelos de papel a la mano, porque quizá los necesites. ¡Que lo disfrutes!

Una vez, un participante de uno de mis cursos me dijo que su jefe se había portado muy mal con él durante su primer año en ese puesto y que, a pesar de haber recibido cierto reconocimiento en forma de una disculpa a medias, no le quedaba más remedio que verlo todos los días en el trabajo. Y siempre era como una puñalada en el pecho. El dolor no desaparecía y daba igual lo que intentara, no hacía más que intensificarse, cada vez más, hasta que un día me oyó hablar del ho'oponopono en un pódcast al que me invitaron. Estaba decidido a cambiar y decidió repetirse las frases en su mente cada vez que se cruzaba con su jefe, lo que sucedía varias veces al día. Tres semanas después, notó que tanto su dolor como sus emociones negativas de algún modo se habían desvanecido sin esfuerzo y que, un mes después, era capaz de ver a su jefe sin sentir ninguna emoción negativa. Esta historia es solo una de las muchísimas que he oído a lo largo de los años de boca de los participantes que han aplicado el ho'oponopono a sus vidas.

OXITOCINA: EL RESUMEN

El coctel celestial no está completo sin oxitocina. La oxitocina es lo que te permite disfrutar de la cercanía humana, la seguridad, la conexión y la pertenencia. La oxitocina te hace humano y la oxitocina te sana. Deberías preparar el terreno para ella todas las mañanas y, a lo largo de todo el día, buscar oportunidades para experimentar asombro y fascinación y mantener una actitud deliberadamente agradecida. Producir oxitocina interactuando socialmente, abriéndote a los demás, compartiendo, conversando, cuidándolos y ayudándolos. Todos los momentos de cercanía y empatía son especialmente importantes. Da igual si estás volviendo a casa con tu familia, preparándote para una cita o acudiendo a una evaluación de rendimiento, deberías añadir un extra de oxitocina a tu coctel celestial, quizá con ho'oponopono o viendo fotografías en tu teléfono que te garanticen una descarga de sentimientos de empatía y compasión.

SEROTONINA

Estatus, satisfacción y estado de ánimo

¡Me encanta la serotonina! La sensación de satisfacción y estabilidad que proporciona, y de no tener que andar siempre en busca de algo que me aporte una magnífica felicidad de base. La serotonina es seguramente la sustancia más difícil de describir de todas las que vamos a mencionar en el libro, pero, si confías en mí, me aseguraré de que avances sin problemas a lo largo del capítulo. Para dar un contexto claro a nuestra plática sobre la serotonina, me gustaría volver de nuevo atrás en el tiempo. Haremos una visita a nuestros amigos de la Edad de Piedra, Duncan y Grace, y exploraremos la conexión entre serotonina y estatus.

Estatus

Hemos retrocedido 25 000 años. Duncan y Grace son los líderes informales de su tribu y todo va bien en su mundo. Sus vidas son en general armoniosas y sin estrés. Ambos se encuentran en lo alto de la escala social, lo que significa que seguramente tienen los niveles de serotonina más altos de su tribu. Tienen todo lo que necesitan: acceso a comida, pareja y un lugar donde vivir. Naturalmente, también visten las pieles de mayor calidad de la tribu y usan los bastones para caminar con las decoraciones más bellas. Hasta que, un día, todo cambia. Duncan y Grace ven a lo lejos a un gran grupo de individuos que se acerca. Corren a su aldea lo más rápido que pueden para advertir a todo el mundo. Todos se disponen enseguida a dar la bienvenida a los desconocidos. ¿Serán amigables u hostiles? Parecen muy buenas personas, pero es obvio que su tecnología es más avanzada que la de la tribu de Duncan y Grace. Su comportamiento es más sofisticado, lucen pieles con las que ellos no pueden ni soñar..., ¡por no hablar de sus bastones para caminar! Los habitantes de la aldea no tardan en unirse a esos individuos, que cada vez reclaman más y más espacio en el grupo. Duncan y Grace empiezan a ver amenazado su estatus y, por tanto, su acceso a comida asegurado, su pareja y el lugar donde viven también están en peligro. Su estrés se incrementa significativamente. La sensación armoniosa que solía producir su serotonina desaparece y la sustituye la ansiedad. Grace empieza a frustrarse mucho y se va al bosque a dar una vuelta para calmarse. Pero no le sirve de nada. Llena de ira, lanza un trozo de pedernal contra una roca más grande, ¡y salta una chispa! Su motivación se dispara al sentir el incremento de dopamina, ¿qué fue eso? Lo vuelve a intentar una y otra vez, hasta entender que puede, sin lugar a dudas, hacer fuego con esas dos piedras. Grace vuelve corriendo a la aldea para mostrar su descubrimiento a Duncan. Nadie de la aldea da crédito a lo que ven sus ojos. ¿Hacer fuego con piedras? ¡Qué invento tan maravilloso! Duncan y Grace vuelven a convertirse en héroes y reclaman su lugar como líderes naturales de la tribu. Sus niveles de serotonina vuelven a subir y su sensación armoniosa regresa también, porque vuelven a estar en lo alto de la escala social, con acceso garantizado a comida, pareja y un lugar donde vivir.

De vuelta a la realidad

Se ha demostrado que la serotonina está estrechamente ligada al estatus. Los individuos que gozan de mayor estatus tienen los mayores niveles de serotonina. Estas personas tienden a ser las más armoniosas, las menos estresadas y las más sanas, porque sienten que tienen acceso a todo lo que necesitan y que nada las amenaza. En el momento en el que su estatus, o su estatus percibido, se ve amenazado, esto afecta su serotonina y, si el resultado es un incremento del estrés, esto puede, a su vez, dar pie a una agresión. Quienes creen ocupar (u ocupan de verdad) los rangos inferiores de la jerarquía social tienden a tener niveles más bajos de serotonina, a padecer estrés de forma habitual y, en consecuencia, a gozar de mala salud. En el contexto de Duncan y Grace que acabamos de visitar, los miembros menos privilegiados de la tribu nunca saben si el conejo que acaban de cazar acabará siendo suyo o se lo quedará alguien que ocupe un escalón más alto en la jerarquía.

Compartimos nuestras respuestas biológicas al estatus con la mayoría de los mamíferos del mundo, pero los humanos nos diferenciamos en dos aspectos importantes. En primer lugar, existimos en distintos órdenes sociales de forma simultánea, lo que significa que nuestro estatus puede cambiar varias veces a lo largo del mismo día.

Puede empezar con tu jefe regañándote en la salita del café de tu oficina. Todo el mundo te observa en silencio y tú regresas lentamente a tu cubículo sintiendo que te han pisoteado. Tu estatus ha recibido un balazo y tu serotonina se desplomó en consecuencia. Sin embargo, seis horas después estás en el boliche, donde resulta que eres casi una leyenda viva. Una vez más, haces trescientos puntos, una puntuación perfecta, en la partida de la tarde, el público aplaude y tu serotonina y tu estado de ánimo mejoran en consecuencia.

La multitud de reuniones sociales en las que nos encontramos en nuestras vidas hacen que nuestros niveles de serotonina varíen de forma muy exagerada junto con nuestro estado de ánimo, dependiendo de dónde estemos, con quién, y cuál sea nuestro estatus en ese contexto.

La segunda diferencia puede resultar aún más difícil de manejar y está relacionada con la estructura social incomprensible que regula las cosas que vemos en nuestras pantallas. Nuestros cerebros no son capaces de entender que lo que vemos en las películas de Hollywood, las series de Netflix y las redes sociales no es un reflejo de estructuras sociales auténticas con las que debamos relacionarnos de algún modo. Si resulta que alguien al otro lado del planeta tiene un coche más bonito, una casa más grande, más dinero, un aspecto más atractivo, más habilidad en un campo y una carrera profesional más exitosa que nosotros, nuestros cerebros pueden llegar a entender que eso lo sitúa de algún modo por encima de nosotros en el orden social y esto puede reducir nuestra serotonina, incrementar nuestro estrés e incluso disparar una desesperación absoluta en casos extremos. Sin embargo, esto también nos sirve para motivarnos. Los individuos que poseen una autoestima fuerte, por ejemplo, suelen motivarse cuando ven que a los demás les va bien y se inspiran en ellos para conseguir las mismas cosas.

A veces, las personas pueden neutralizar este estatus imaginario en concreto usando la corteza prefrontal, algo que solo han desarrollado los humanos, para captar intelectualmente que la mayoría de lo que se ve en redes sociales es falso y que lo que se lee en las noticias no es necesariamente cierto, que la imagen del amor que presenta Hollywood suele estar bastante distorsionada y que la vida real no es tan emocionante como las series de Netflix. Fíjate en que he dicho «a veces». Sigue siendo increíblemente difícil intelectualizar instintos tan antiguos como los que regulan el estatus, pero algunas personas se han entrenado para ello y han logrado tener más habilidad que el resto. La edad seguramente también pesa, ya que la corteza prefrontal (la parte del cerebro que nos proporciona la capacidad de regular nuestras emociones) no acaba de desarrollarse hasta que cumplimos veinticinco años. Esto significa, pues, que a los niños y a los adultos jóvenes les cuesta más no prestar atención a los mensajes sobre el estatus artificial que recibimos todos los días en las redes sociales.

¿Qué nos proporciona estatus?

En los estudios sobre la capacidad de los primates para influir sobre su propio estatus se ha llegado a la conclusión de que consiste básicamente en atributos como la fuerza, el tamaño y la agresividad. Vale la pena señalar que, en el caso del estatus humano, hay una larga lista de variables de influencia que van mucho más allá. Dinero, aspecto físico, ropa, patrimonio, edad y bastones para caminar son solo unos cuantos ejemplos de esto, pero también podríamos mencionar variables más sutiles, como que podemos usar nuestra fuerza de voluntad para influir en nuestro estatus. También podemos hacerlo empleando tácticas conductistas, el lenguaje, el lenguaje no verbal, ciertas señales sutiles, la cooperación y la asociación con otras personas, como cuando dejamos caer el nombre de alguien en una conversación, etcétera.

Yo he experimentado en carne propia que la influencia del estatus en la serotonina llega a extremos ridículos, sobre todo cuando usamos las redes sociales. Durante mucho tiempo padecí envidia aguda, hasta el punto de que me causaba dolor físico ver triunfar a los demás y verlos gozar de un mayor estatus que yo. Tenía la sensación de que, de alguna manera, su estatus influía en el mío, pero ahora sé que, obviamente, esto no es así, ya que el mundo es demasiado grande para que eso pase. Sin embargo, el estatus puede ser muy importante en un grupo aislado de unos cien individuos. En ese caso, las personas que están en lo alto de la jerarquía social sí pueden robarme la posibilidad de estar a gusto, de mantener a mi familia y de encontrar la mejor pareja posible. Sin embargo, hoy en día, el grupo lo forman unas mil personas que suben contenidos en redes sociales todos los días. Por ridículo y absurdo que parezca esto, antes experimentaba dolor de verdad y me sentía un fracasado cada vez que abría una *app* en mi teléfono y veía a personas saliendo de sus preciosas casas o en sus yates luciendo amplias sonrisas. Me cuesta explicar por qué era tan envidioso. Quizá tenía que ver con mi estado depresivo, porque cuando me recuperé empecé a tener una mayor autoestima, a quererme más y a envidiar menos.

Es muy probable que recibir halagos y que te vean y te escuchen en contextos sociales dispare tu serotonina. Recuerda que tú también puedes hacerlo por los demás: la serotonina puede ser muy contagiosa. Piropea más a tu gente más cercana. Te querrán más por ello y es más probable que te correspondan. Un aspecto interesante de los cumplidos o los piropos es que su impacto depende, en cierto modo, del estatus del individuo que te los hace. Tu respuesta varía mucho si quien te halaga es Barack Obama, o alguien que goce de un estatus tan inmenso o similar, o si quien lo hace es un desconocido por la calle. También existe el peligro de la inflación si te pasas. Por eso, cuando le hagas un cumplido a alguien, que sea de corazón y con cierto cariño.

Ahora bien, si los halagos pueden afectar tus niveles de serotonina, parece probable que suceda lo mismo con las críticas. Aquí entra en juego un factor importante, que creo que tiene un enorme impacto en cómo recibimos tanto los halagos como las críticas: la autoestima. Vamos a empezar definiendo la diferencia entre seguridad en uno mismo y autoestima. La mejor versión de esto que he oído, y que, además, es cierta en mi caso, es esta: la seguridad en uno mismo se define como tu grado de confianza en que serás capaz de llevar a cabo determinadas actividades. Si hace mucho tiempo que juegas basquetbol, has ganado muchos partidos y has alcanzado un nivel alto de habilidad en este deporte, seguramente te sentirás muy seguro de tu capacidad para jugar basquetbol. Por otro lado, tu autoestima refleja cómo te sientes contigo y con qué intensidad. Una persona con una buena autoestima será genuinamente capaz de decir que se quiere, que se siente segura sobre quién es y que es feliz siéndolo. Una persona con una buena autoestima responderá a una derrota diciendo algo del estilo: «Bueno, lo di todo, es lo que hay». Alguien con una autoestima baja, en cambio, dirá algo del tipo: «¿Cómo pude ser tan tonto? No merezco jugar basquetbol a este nivel. ¡Soy un perdedor!».

Ahora volvamos a cómo afectan a cada persona los halagos y las críticas. Si alguien que tiene una buena autoestima recibe una crítica sobre su aspecto, no es probable que le afecte demasiado, porque no cree que su valía resida en su apariencia física y, en general, estará satisfecho consigo mismo. En cambio, tengo muy claro que estos individuos no responden igual a los halagos; lo normal es que no les den mucha importancia. Creen que, al fin y al cabo, son maravillosos tal y como son y seguramente esto los hace menos dependientes del reconocimiento externo. Vamos a ver el caso contrario. Alguien con una autoestima baja puede pasarse toda su vida intentando atraer la atención de los demás. En cuanto lo logra, su estatus percibido se eleva y se siente de maravilla. Por otro lado, si esta persona recibe una crítica de cualquier tipo, su estatus percibido se viene abajo y su estado de ánimo con él. Yo suelo describir la vida de un individuo con autoestima baja como un viaje en una montaña rusa, donde pasa de los abismos de los contratiempos y la desesperación a la dicha total de los momentos de armonía y satisfacción.

Efecto 1: satisfacción

Cuando sientas que tu estatus no está amenazado, seguramente dejarás de perseguirlo. En ese momento, aflorará la satisfacción. La satisfacción es un estado humano increíble, porque nos permite estar más presentes en el momento y disfrutar de lo que ya tenemos. Si quieres alcanzar ese estado, intenta no compararte demasiado con los demás y conformarte para retirarte de la competencia.

Efecto 2: buen humor

¿En qué momento del año, en promedio, está de mejor humor el escandinavo típico? ¿Cuándo están naturalmente más felices? La respuesta, en la mayoría de los casos, es durante la primavera y el verano. Y la explicación natural de esto es, claro está, ¡el sol! En la serotonina influyen también otros factores, incluido el ejercicio, el sueño y la dieta. De todas las sustancias de las que te hablaré en este libro, la que es más importante promover mediante el estilo de vida es la serotonina. Si tu estado de ánimo es estable y bueno, la vida en su conjunto te resultará mucho más sencilla y te será mucho más fácil llevar a cabo cualquier otro cambio. Así que céntrate sobre todo en las siguientes herramientas y asegúrate de aprender a usarlas para añadir serotonina a tu coctel celestial.

HERRAMIENTA 1: PRACTICA LA AUTOESTIMA

La primera herramienta hace hincapié en superar algo a lo que yo me enfrenté en el pasado: la baja autoestima que me hacía sentir envidia y muchísimo estrés siempre que tenía la sensación de que los demás tenían más estatus que yo. ¿Y cómo se practica la autoestima? O, para ser exactos, ¿cómo se practica que el estatus de los demás te afecte menos?

1. ¡Queriéndote! ¿Y eso cómo se hace? De la misma manera que tantos otros han elegido no quererse: por repetición y manteniendo un rumbo en concreto. Cuando hagas algo bien, dedícate un halago: date una palmadita en la espalda y comunícate lo genial que eres.
2. Deja de criticarte por tus errores. Limítate a reconocer que algo salió mal y decide que aprenderás de ello. Entonces, dedícate un halago por pensar así en lugar de regañarte como hacías antes. La autocrítica sin aprendizaje no tiene ningún fin práctico. Solo es un acto reflejo aprendido que seguramente se originó cuando eras pequeño, en la escuela o en algún otro proceso similar de socialización.

3. La baja autoestima va de la mano de juzgarse. Las personas que se juzgan también tienden a juzgar más a los demás. El lado bueno de esto es que al practicar lo de no juzgar al resto también te juzgas menos a ti. Practica hasta dejar de juzgar a todo el mundo. Los seres humanos somos interesantes porque con frecuencia juzgamos a los demás sin tener en cuenta las causas subyacentes de su comportamiento. Si alguien te rebasa con el coche con una maniobra estúpida y peligrosa, seguramente opinarás que es un imbécil sin detenerte a pensar en los posibles motivos que puedan haber provocado que lo haga. Sin embargo, cuando tú rebasas otro coche con una maniobra igual de estúpida y peligrosa, seguramente tendrás a la mano una justificación bastante sencilla para tu comportamiento: tenías mucha prisa por llegar al hospital, o te habías enojado porque tu pareja había roto contigo, o habías visto gravilla a mitad de la calzada y tuviste que dar un volantazo para no pasar por encima y salpicar de grava el carril contrario, etcétera.

4. Una de mis herramientas favoritas, que hace mucho que empleo para practicar el amor propio, es dibujar un corazón con mi nombre adentro. Pruébalo. Si te resulta incómodo o raro, es señal de que de verdad tienes que practicarlo. Cuando me baño y el vapor de condensación cubre la mampara, la lleno de corazones con mi nombre adentro. Quererse a uno mismo es lo más importante que se puede hacer y provocará que tu estatus percibido sea mucho más robusto. Te hará menos susceptible a que te afecte lo que los demás piensen de ti.

5. La meditación observacional es una técnica de meditación que puede ser muy eficaz para aumentar la

serotonina. Siéntate en una posición cómoda, calma tu respiración y céntrate en hacer inhalaciones profundas y exhalaciones largas. A diferencia de la meditación orientada a la focalización, donde se supone que debes concentrarte todo el tiempo en tu respiración, con este método puedes dejar entrar pensamientos en tu mente. En cuanto aparecen, te apartas de ellos, los observas desde la distancia y los dejas pasar sin juzgarlos. A medida que tus pensamientos vayan pasando en fila uno detrás de otro, lo único que debes hacer es observarlos. Esta meditación puede ayudarte a responder del mismo modo en la realidad una vez terminada la meditación y mejorar tu capacidad de no juzgar ni tu comportamiento ni el de los demás.

6. Cuando notes que estás a punto de transmitirte un mensaje negativo, crea una rutina en la que, en lugar de eso, te digas inmediatamente tres cosas positivas sobre ti.

7. Todas las noches, anota en tu diario de gratitud las cosas que crees que hiciste bien y por las que sientas orgullo del día que acaba de terminar.

A mí me encanta la serotonina y la sensación de tener un estado de ánimo positivo y equilibrado, y también me encanta la satisfacción. He planteado la siguiente pregunta, que es muy interesante, a casi 50 000 personas de todo el mundo: «¿Cuándo te sientes en armonía y experimentas un bienestar completamente desconectado de cualquier deseo de más o de la necesidad de conseguir algo (dopamina)?». Las respuestas son sorprendentemente parecidas en todas partes: «Cuando estoy en un bosque», «cuando voy a montar a caballo», «cuando estoy en mi cabaña», «cuando voy de pesca», «cuando estoy en el mar», «cuando voy a esquiar», «cuando hago música», «cuando no tengo ninguna obligación», «cuando hago ejercicio», «cuando practico un pasatiempo», «cuando voy a hacer submarinismo» o «cuando medito». Lo que tienen en común es que se refieren a situaciones sin estrés y que, al parecer, están relacionadas con situaciones que no suponen una amenaza para el estatus (ni una sola de las 50000 respuestas menciona la competitividad). Claro está, es imposible saber si todas las respuestas aluden a situaciones que producen serotonina, pero sí se relacionan con el tipo de experiencias con las que se suele asociar esta sustancia.

HERRAMIENTA 2: DOPAMINA FRENTE A SEROTONINA

La forma más sencilla de describir la diferencia entre dopamina y serotonina es que la dopamina te empuja de algún modo, en el sentido de que incrementa tu impulsividad y hace que te centres en cosas externas a ti y a tu cuerpo. La dopamina se estimula mediante la sensación de que necesitas más para colmar tus necesidades y, una vez satisfechas, se segrega serotonina para calmar tu impulsividad. Un ejemplo sencillo de esto es la comida. Si tienes hambre, aparece la dopamina para asegurarse de que comas algo. A medida que te llenas, la producción de dopamina se frena y acaba siendo sustituida por serotonina. El término más usado para describir este efecto es *homeostasis*. Tu cerebro busca el equilibrio, y cualquier desviación del estado normal disparará algo, en este caso la dopamina, que hará que quieras remediarla.

Hablando claro, la dopamina te da la sensación de que quieres algo que ahora no tienes, mientras que la serotonina hace que sientas satisfacción con lo que ya tienes. Estos dos estados tienen papeles muy distintos en nuestras vidas y vale la pena esforzarse en perfeccionar ambos lo máximo posible.

Quizá te muevas más por la dopamina, o tengas amigos que lo hacen, y estés más familiarizado con esta determinación de probar cosas nuevas que no parece apagarse nunca. Yo mismo soy así. Mi cerebro no deja nunca de tener nuevas ideas, pero, por otro lado, también pierde interés rápidamente. Se le ocurren cosas que son, siendo sinceros, bastante locas, y nunca se cansa de perseguirlas. Por otro lado, quizá tú seas una persona más satisfecha en general y siempre lo hayas sido, o, al menos, tienes amigos así. Por supuesto, también existen todos los matices intermedios, hay mucha variabilidad personal relacionada con cómo afectan la dopamina o la serotonina a tu determinación. Si es un comportamiento innato o aprendido, es algo que la ciencia aún no ha podido determinar. Pero, sea cual sea la respuesta, no importa demasiado. Lo que nos importa en este libro es que sepas que puedes influir en tu comportamiento gracias a la neuroplasticidad del cerebro.

Los individuos que se mueven siguiendo el impulso de la dopamina pueden apaciguar su «sed de caza» simplemente reduciendo su exposición a los estímulos que disparan la dopamina. Un ejemplo de esto sería empezar a no pasar constantemente de una dosis de dopamina a otra y disfrutar de la práctica, de estar presentes y de experimentar la vida. Personalmente, yo uso sobre todo tres enfoques para intentar mantener a raya la dopamina. El primero es intentar no contraer obligaciones y el segundo es forzarme a intentar producir dopamina lenta, como leer este libro o desarrollar pasatiempos prácticos como la pesca o la pintura. El tercero es la meditación orientada a la focalización. Esto implica sentarse, estar inmóvil y contar tus respiraciones o los latidos de tu corazón.

En mi experiencia en el trato con clientes a quienes les mueve la serotonina, estos pueden aumentar su «sed de caza» poniéndose objetivos pequeños en un principio, alcanzándolos y sustituyéndolos por otros mayores que también alcanzarán, lo que usualmente genera cierta inercia. También es importante que se pongan plazos para empezar y terminar las cosas, porque muchos tienden a quedarse atrapados en la mera existencia y no logran hacer muchas de las cosas que planean. Las listas también son muy eficaces en este caso.

Es probable que, históricamente, los humanos tendieran a un mejor equilibrio entre la serotonina y la dopamina que la mayoría de nosotros, que somos los invitados al festín de dopamina que es la vida moderna. Cuanta más dopamina te permitas consumir, más desearás y estarás más tiempo en peligro de perder la sensación natural de satisfacción y bienestar que proporciona la serotonina.

HERRAMIENTA 3:
LUZ SOLAR

Nuestra tercera herramienta es totalmente gratis. Más allá de las paredes, de las ventanas, de la pantalla de la computadora, afuera, encontrarás uno de los suplementos más importantes que puedes tomar. Uno tras otro, los estudios realizados en los países nórdicos revelan lo mismo: el estado de ánimo de muchas personas se desploma durante los meses de invierno. Y no es porque riamos menos, ni socialicemos menos, ni hagamos menos ejercicio o comamos peor; es porque no nos da suficiente el sol. Naturalmente, uno de los muchos motivos para esto es que, en esta época del año, apenas sale el sol y ya se está poniendo. El segundo motivo es igual de importante: tendemos a quedarnos en interiores porque afuera hace frío. Afortunadamente, el frío no varía los efectos sobre el estado de ánimo del sol: los únicos factores en este caso son el grado de exposición y la duración. Dar un breve paseo un día de sol con cielos despejados te proporciona más luz solar que un paseo igual de largo un día nublado. Por lo tanto, debes recordar dar paseos más largos los días nublados para asegurarte de cubrir tu necesidad de luz solar.

¿Qué hace el sol para que resulte tan importante en este aspecto? Bueno, el sol afecta tu dosis diaria de serotonina. Esto significa que los días que no sales a que te dé, estás decidiendo no aumentar tus niveles de serotonina exponiéndote al sol. En términos técnicos, la luz del sol reduce la captación de serotonina entre sinapsis, lo que en la práctica significa que tiene un efecto similar al de los ISRS (inhibidores selectivos de la recaptación de serotonina), una familia de antidepresivos muy empleada. En términos sencillos, significa que la luz del sol te permite «disfrutar» más tiempo de tu serotonina. No exponerse al sol un día de vez en cuando no es grave para la mayoría de las personas, pero si son muchos seguidos puede hacer que quienes vivimos en el norte experimentemos una clara diferencia en nuestro estado de ánimo durante los meses de invierno, que puede incluso causar un trastorno afectivo estacional (TAE) en algunas personas. Este trastorno hace que las personas experimenten depresiones estacionales durante los meses más oscuros del año. A mí me encanta recopilar datos sobre mí mismo, porque me ayuda a entender y a darme cuenta de cosas sobre mí que, de otro modo, no habría podido adivinar. Si tú también, por casualidad, compartes mi pasión, quiero darte este magnífico consejo: documenta la cantidad de tiempo que te expones a la luz del sol cada día durante un año y anota también tu estado de ánimo del uno al diez. Si lo haces, es más que probable que identifiques una tendencia y esto te motivará, a su vez, a considerar la exposición a la luz solar como una «comida mental» que debes hacer a diario y que es tan importante como el desayuno, el almuerzo o la cena.

Así pues, ¿cómo debes exponerte a la luz solar? Bueno, esta nos afecta de dos formas. Tus niveles diarios de serotonina se ven afectados por la luz que impacta en tus ojos, lo que significa que el sol no tiene por qué tocar tu piel, pero, por otro lado, tus niveles de vitamina D sí se ven afectados por esto. La vitamina D también es importante para envejecer de forma saludable, reducir la ansiedad, mejorar la salud cardiovascular, mantener el sistema inmunitario, tener una visión mejor y gozar de unos huesos fuertes. Para rematar todo esto, la vitamina D también tiene un papel indirecto en la producción de serotonina. Durante los meses más oscuros del año, cuando es menos probable que te pongas ropa ligera, yo te recomiendo sin duda que suplementes tu dieta con vitamina D. Los productos lácteos son una buena fuente, también los alimentos fortificados con vitamina D y los suplementos en forma de cápsulas, si con tu dieta no basta.

El resumen de esta herramienta sería: ¡saca siempre tiempo para dar un paseo, da igual qué día haga, en qué estación te encuentres o cuáles fueran tus planes!

HERRAMIENTA 4:
DIETA

¡Dame un cuernito de chocolate! Es un acto reflejo, casi de zombi. ¿Por qué lo primero que hacen los personajes de las películas de Hollywood cuando les rompen el corazón es llenarse de helado o de algo dulce, y por qué es un lugar común que el personaje que atraviesa una crisis tenga la casa llena de cajas de pizza y restos de comida rápida? ¿Qué es lo que nos empuja a la mayoría a ser más susceptibles a los cantos de sirena de la comida poco saludable cuando padecemos problemas mentales?

Un motivo importante es que cuando consumimos carbohidratos liberamos triptófano de forma indirecta. El triptófano es una sustancia que el cuerpo emplea como pieza para la producción de serotonina. Cuantos más carbohidratos ingerimos, más triptófano obtenemos y de más piezas dispone nuestro cerebro para producir serotonina. De hecho, puede ser bastante interesante observar lo siguiente: si notas que estás comiendo cada vez más carbohidratos, esto podría indicar escasez de triptófano, lo que, a su vez, puede significar que tu estado de ánimo está menos equilibrado de lo que debería, o más melancólico. Si la sensación no desaparece, es importante que hagas algo al respecto en cuanto puedas. Los desequilibrios mentales son más difíciles de gestionar y revertir cuanto más tiempo permites que se prolonguen.

Hablemos ahora un poco más a fondo del triptófano. Es un aminoácido que se usa como pieza para la producción de serotonina y una de sus fuentes son los alimentos. Si no ingieres suficiente triptófano, esto tendrá un impacto negativo en tu capacidad para producir serotonina. Entre los alimentos más ricos en triptófano tenemos el pavo, el pollo, el atún, los plátanos verdes, la avena, el queso, los frutos secos, las semillas y la leche. El triptófano también se puede comprar en forma de suplemento. En este contexto, se considera que la fuente más potente son los suplementos de hipérico o hierba de San Juan. Sin embargo, recuerda consultar siempre con tu médico antes de empezar a tomar un suplemento. Esto es especialmente importante si ya estás tomando otros medicamentos, concretamente antidepresivos.

Otra característica interesante de la serotonina es que entre el 90 y el 95% de la que tienes en todo el cuerpo se encuentra en el estómago. Durante mucho tiempo se creyó que la serotonina del cerebro y la del estómago no estaban relacionadas, porque se pensaba que la segunda no podía atravesar la barrera hematoencefálica. Sin embargo, un interesante estudio de 2019 llevado a cabo por Karen-Anne McVey Neufeld y otros mostró que sí podrían estar relacionadas y que esto se regularía mediante el nervio vago. En los últimos años hemos asistido a un gran número de estudios sobre la influencia de nuestro microbioma y de la conexión cerebro-intestino sobre nuestra salud mental. Aunque estos estudios son muy complejos, la respuesta que arrojan es sencilla: lo que comemos influye directamente en nuestra salud mental. Entonces, ¿qué deberíamos comer? La respuesta más simple es una dieta variada. Tomar alimentos distintos mantiene y proporciona sustento a distintos tipos de bacterias digestivas y cuantas más bacterias digestivas buenas tengas, mejor estarás. No dudes en tomar probióticos, aunque sus efectos documentados sean limitados. Evita la comida rápida, los alimentos procesados, los carbohidratos de absorción rápida y el azúcar refinado e incrementa tu ingesta de carbohidratos de absorción lenta, que se encuentran en la fruta, la verdura y los granos enteros. Un efecto secundario de tener un nivel bajo de serotonina que resulta bastante aterrador es que, como ya dije, puede hacernos comer más carbohidratos de absorción rápida. Esto también nos puede conducir a incrementar nuestra ingesta del edulcorante aspartamo, lo que, en este caso, es una mala noticia, porque se ha demostrado que contribuye no solo a reducir los niveles de serotonina, sino también los de dopamina y noradrenalina. Horrible círculo vicioso, ¿verdad?

Mi consejo es que prestes atención cuando tengas antojo de comer carbohidratos de absorción rápida. Aprende a reconocerlo y a frenar a tiempo, antes de que te empuje a bajar a la tienda arrastrando los pies a buscar aperitivos, dulces y refrescos como si fueras un zombi por control remoto. Una vez que aprendas a reconocer las señales, me gustaría recomendarte otras opciones con las que calmar tus antojos: zanahorias, frutos secos, chocolate con un 86% de cacao y chícharos. Es lo que como yo en mis momentos de flaqueza.

HERRAMIENTA 5:
CONCIENCIA PLENA

A estas alturas, has oído hablar de esto un millón de veces. La conciencia plena es una práctica mágica, una misteriosa habilidad que hay que perfeccionar y un método que te proporcionará la satisfacción definitiva. He oído a muchísima gente contar que sus vidas dieron un giro solo practicando la conciencia plena. Se suele decir que lo contrario a la conciencia plena es la multitarea. Esto te permite hacer varias cosas al mismo tiempo, lo que implica que dedicas la mayor parte a ir de un lado a otro, ya sea física o mentalmente. Ahora bien, si la multitarea es lo contrario a la conciencia plena, ¿se puede decir que es útil? Bueno, lo es en el sentido de que te permite hacer un montón de cosas, lo que, al fin y al cabo, es una de las formas de medir el éxito. Sin embargo, el problema es que la multitarea tiene, al parecer, un impacto negativo en nuestra capacidad para estar presentes en el momento. Entonces,

¿la presencia es importante? Yo personalmente diría que la presencia supera con mucho a la multitarea, porque solo cuando estamos presentes somos capaces de absorber mediante nuestros sentidos el mundo que nos rodea.

Un ejemplo cotidiano de la multitarea es la cocina. A quienes han entrenado su cerebro para hacer mucha multitarea les cuesta seguir recetas paso a paso. Las personas multitarea acaban lavando también los platos, viendo la tele, ordenando el estante de las especias, llenando recipientes para el día siguiente... Estas personas se pierden la experiencia de cocinar. Esto me evoca inmediatamente al típico italiano que invierte una gran cantidad de amor y pasión en el proceso mismo de cocinar, alguien que seguramente no hará mucha multitarea y, por tanto, encarna bastante bien la actitud de la conciencia plena.

Otro ejemplo es cuando conoces a alguien. Las personas que están presentes formulan preguntas, intentan conocer al otro a fondo, empatizan con él y muestran un interés genuino. Estoy seguro de que has tenido tanto la experiencia de conocer a alguien que está totalmente presente como la de conocer a alguien cuya mirada, pensamientos, cuerpo y acciones parecen ir de un lado a otro.

Vamos a ver un tercer ejemplo. Tus emociones se originan principalmente de dos maneras: por un lado, mediante tus pensamientos y, por otro, mediante lo que captan tus sentidos, es decir, lo que oyes, tocas, ves, hueles y pruebas. Todas estas cosas disparan descargas de serotonina, endocannabinoides, dopamina y otras sustancias químicas. Al experimentar esas sensaciones de forma consciente, puedes generar toda la química que constituye tus emociones.

Como cualquier otra cosa, la presencia puede desarrollarse mediante la práctica y todos podemos mejorarla. Lo mejor es que puedes empezar ahora mismo. Lee más despacio. Disfruta interiorizando el conocimiento que estás recibiendo, la calidez y la comodidad de cuanto te rodea y tu taza de café. ¡Enhorabuena! Acabas de practicar la presencia y tu cerebro dio un paso adelante para experimentar más emociones y de forma más intensa. Una buena estrategia para practicar la presencia a largo plazo es centrarte cada día en un sentido en concreto. Por ejemplo, el lunes puedes centrarte en los aromas y elegir oler a propósito un plátano, el pegamento del papel de tu casa, tu propia piel, a alguien que camina a tu lado, etcétera.

Si ya te sientes completamente presente en tus cinco sentidos básicos, tengo algunos retos para ti, que se inspiran en los avances más recientes de la ciencia sensorial: presión, temperatura, tensiones musculares, dolor, equilibrio, sed, hambre y tiempo.

Ahora bien, puede que alguno esté poniendo trabas a todo esto, porque no quiere perder eficiencia. ¿De verdad es posible entrenar el cerebro para que haga las cosas de una en una? Nada de todo esto es blanco o negro, claro está, pero no puedes esperar que tu cerebro se pase toda la semana en el trabajo haciendo multitarea a toda velocidad y que después sea capaz de pisar el freno los fines de semana y entrar en un estado de presencia sin esfuerzo, plena y con total concentración en tu mente y tus sentidos. Nadie puede hacerlo, excepto, tal vez, algún superhéroe. La clave aquí es el equilibrio. En lugar de ir corriendo de un lado a otro a toda velocidad, ve a velocidad media y aprende a estar presente también en el trabajo. Esto es importante. Deberías experimentar a todas las personas, todos los éxitos y todas las emociones que te proporciona. Pasas suficiente tiempo ahí como para que valga la pena asegurarte de disfrutarlo al máximo.

El truco que mejor me ha funcionado a mí es ir a Abisko en cuanto llega el verano. Abisko es, sin duda, uno de los sitios más bonitos de Suecia y allí siempre me resulta fácil desconectarme. Después de pasar solo una semana en Abisko sin mi teléfono, mi cerebro frena del todo y el resto de mi verano resulta de lo más sencillo. Si no puedo ir, mi cerebro puede llegar a tardar entre cuatro y cinco semanas en desconectarse y, para entonces, ¡tengo que volver a ponerlo en marcha! Si quiero conseguir los mismos efectos un fin de semana, tengo que decidir empezar a desconectarme el viernes a mediodía e incluyo en el horario media hora de meditación al finalizar mi jornada laboral. Además, dejar de lado mi teléfono durante el fin de semana me asegura que el cerebro sepa que tiene que pasar de la predominancia de la multitarea a la de la presencia.

HERRAMIENTA 6:
EL PODER DE TU MENTE

Sé que esto ya lo mencioné, pero voy a repetirlo, porque es absolutamente vital que el mensaje llegue: los recuerdos de un suceso pueden disparar en nosotros las mismas emociones que el suceso en sí. En otras palabras, los recuerdos nos hacen segregar las mismas sustancias o unas muy similares a las de la experiencia real que estamos recordando. Lo que hace que esto sea tan importante es que la mayoría de las personas con las que me cruzo no eligen qué piensan; sencillamente se dejan influir por lo que sea que sucede a su alrededor, y las cosas que suelen rodearnos en nuestra sociedad suelen tener una influencia dañina en nosotros. Las buenas noticias no venden tanto como las malas. Durante las pausas para el café, la conversación suele girar más en torno a cosas negativas que positivas, porque sacar un tema negativo suele atraer más atención hacia la persona que está hablando y tiene un mayor efecto. En redes sociales todo parece demasiado bueno para ser cierto. Sin embargo, nuestros cerebros parecen incapaces de entenderlo y en realidad creen que deberíamos compararnos con las imágenes falsas que vemos en las redes el 99% del tiempo. Hacerlo puede provocar que nos volvamos hipercríticos con nosotros mismos, lo que no es nada bueno. Ser conscientes de nuestros pensamientos y aprender a controlarlos es un paso absolutamente imprescindible para el autoliderazgo exitoso y te encaminará a ser capaz de elegir cómo quieres sentirte. Y mi apuesta es que elegirás sentirte superbién y en un estado de equilibrio.

HERRAMIENTA 7:
EJERCICIO, DIETA, SUEÑO Y MEDITACIÓN

Ejercicio, dieta, sueño y meditación son todos ellos métodos excelentes para aumentar tu serotonina. Y como estos cuatro factores tienen la capacidad de fabricar sus propios cocteles celestiales, decidí tratarlos con más detalle más adelante. Considéralos «superingredientes» del coctel celestial. Consulta el capítulo «Las bases de tu coctel celestial» en la página 175.

HERRAMIENTA 8:
ESTRÉS

Esta herramienta no está tan relacionada con la producción de serotonina como con el hecho de que puedes mejorar su equilibrio de forma indirecta si evitas el estrés crónico. Y, aunque sea una herramienta indirecta, probablemente es la más potente de todas. Vamos a empezar examinando las diez causas más comunes de desequilibrio de serotonina en humanos:

- Dolor físico crónico.
- Fuerte dolor emocional, que puede ser consecuencia de cualquier cosa, desde el acoso escolar hasta la pérdida de un ser querido.
- Enfermedad física o mental.
- Inflamación.
- Patrones de pensamiento negativos.
- Desnutrición, incluido el déficit de triptófano.
- Problemas de flora intestinal.
- Falta de ejercicio.
- Falta de luz solar.

Llegados a este punto, es interesante comentar que el estrés puede ser un factor principal en más de la mitad de las causas que acabamos de nombrar. El dolor físico puede causar estrés, el dolor emocional puede causar estrés, la enfermedad física o mental puede causar estrés, las inflamaciones son estresantes para el cuerpo y los patrones de pensamiento negativos pueden causar estrés. En mis años de *coach* me he encontrado con muchos clientes que no vivieron una experiencia muy negativa durante los momentos inmediatamente posteriores a la pérdida de un ser querido. El impacto emocional tardó entre dos y tres meses en desarrollarse por completo. Enfrentarse al estrés crónico durante largos meses o años puede causar los mismos efectos y dar pie a depresiones. Lo que es interesante es que, al parecer, no existe conexión entre tener niveles bajos de serotonina y la depresión, lo que supone un misterio si tenemos en cuenta que los antidepresivos que afectan al sistema de la serotonina ayudan, al parecer, a muchos pacientes depresivos. El estrés puede ser fantástico, pero su variante crónica es una de las cosas que peor influyen en nuestro bienestar físico y mental. Es como si todos lleváramos en nuestro interior una fuerza potencialmente oscura, que tiene mucha más capacidad de influir de forma negativa en nuestra salud mental que cualquier otra cosa. Pero, antes de seguir investigando el estrés y el cortisol, me gustaría resumir este capítulo sobre la serotonina.

SEROTONINA: EL RESUMEN

Después de dedicar muchos años a estudiar el autoliderazgo, llegué a la conclusión de que la satisfacción y la armonía son los pilares más importantes del coctel celestial; que todos los demás estados emocionales positivos, que incluyen la euforia, el amor, la motivación, las recompensas, el entusiasmo y la excitación suelen ser temporales, vienen y van, mientras que la armonía perdura. Los estados emocionales temporales deben experimentarse al máximo y con frecuencia, claro está, pero una vida que solo se centra en los estados emocionales a corto plazo corre el riesgo de acabar pareciendo un viaje sin fin en una montaña rusa. Por otro lado, si puedes usar la serotonina como base para tu coctel celestial, esto te dará una base sólida a la que regresar cuando el parque de atracciones cierre por la noche. Para reducir esto a una serie de instrucciones sencillas:

sienta las bases de tu coctel celestial evitando el estrés crónico, haciendo ejercicio, meditando, exponiéndote mucho a la luz del sol, llevando una dieta saludable, construyendo tu autoestima y practicando la satisfacción en lugar de practicar la multitarea y perseguir estímulos constantemente.

CORTISOL

¿Concentración, entusiasmo o pánico?

Vamos a empezar con este tema haciendo una lista de los beneficios del estrés y de sus tres componentes principales (cortisol, adrenalina y noradrenalina) para hablar a continuación de lo que pasa cuando te encuentras cara a cara con un tigre dientes de sable o un coche tocando el claxon.

El cortisol es, quizá, la hormona más importante del cuerpo humano. En situaciones de estrés, tus glándulas adrenales liberan cortisol en el torrente sanguíneo, lo que, a su vez, promueve la liberación de una gran cantidad de glucosa. Esta glucosa, o azúcar, te proporciona la energía que necesitas para gestionar la situación de estrés. El cortisol tiene un papel vital por derecho propio, porque equilibra la actividad del sistema inmunitario durante procesos inflamatorios (le proporciona el azúcar que lo alimenta) y actúa como antiinflamatorio a corto plazo.

Por su parte, la adrenalina incrementa el ritmo cardiaco, dirige el flujo sanguíneo a los músculos (por eso puede hacerte temblar) y, por último, relaja tus vías aéreas para permitir que llegue más oxígeno a tus músculos y puedas golpear con más fuerza o correr más deprisa.

La noradrenalina estimula la cognición aumentando tu concentración y tu atención.

Juntas, las tres sustancias se preparan para salvarte entrando en uno de estos tres modos: lucha, huida o parálisis. Cuando te percates de que el tigre dientes de sable ya te vio, te moverás y escaparás más rápido de lo que lo harías normalmente. Este mecanismo ha mantenido viva a nuestra especie durante cientos de miles de años.

¿Recuerdas a Duncan, el recolector de manzanas de hace 25 000 años? Tenía hambre y necesitaba encontrar comida, pero la dopamina no era lo único que lo empujaba a buscar algo que comer. Eran el cortisol y la dopamina trabajando juntos. El propósito del cortisol es que te pongas en movimiento, que vayas de un lugar a otro. El cortisol dispara una sensación de incomodidad en ti, un estado de ansiedad que no te gusta. Así, cuando Duncan se despierta y constata que tiene hambre, el cortisol es lo primero que le da la sensación de que tiene que levantarse y moverse. La dopamina, que llega después del cortisol en este proceso, hace que Duncan empiece a visualizar manzanas silvestres y a imaginar lo ricas que estarán. La dopamina se puede comparar con una fuerza mágica que te arrastra en dirección a tu objetivo, por lo que la sensación que causa en ti es mucho más agradable que la del cortisol. Estas dos fuerzas se combinan para convencer a Duncan de salir de su cómoda cama de paja y lo conducen a un territorio amenazante donde hay un manzano y encuentra por fin lo que fue a buscar. Simplificando muchísimo, estas son las dos fuerzas que nos mueven en la vida (evitar el dolor y buscar el placer). El objetivo del cortisol es que evitemos el dolor, lo que habitualmente expresamos con «tengo que [...]». La dopamina, por su parte, es la fuerza que nos empuja a buscar el placer, una sensación que seguramente expresamos en forma de «quiero [...]». Ambas fuerzas te llevan del punto A al punto B. Pero las experiencias que implican son muy distintas. Piensa en la diferencia que hay entre decir «quiero ir a dar una vuelta» y «tengo que ir a dar una vuelta». O compara «quiero ir a trabajar» con «tengo que ir a trabajar». La sensación que transmiten es completamente distinta, ¿verdad? Una herramienta mental útil en este caso sería algo tan sencillo como redefinir tus «tengo que» en forma de «quiero». Esto hace que la mayoría de las cosas resulten mucho más sencillas.

Una forma interesante de abordar el estrés es considerarlo como lo que surge en la brecha que separa lo que tienes de lo que te gustaría tener. Si tú tienes un determinado peso y te lamentas por ello a diario, esto te va a causar estrés. Con el tiempo, puede que te motive lo suficiente para ir al gimnasio, pero también hará que no consigas los mejores resultados posibles de tu práctica. Sin embargo, si eres capaz de convertir con éxito este deseo o insatisfacción en una fuente de determinación y un objetivo emocional, la misma brecha entre lo que tienes y lo que te gustaría tener se convertirá, en cambio, en una fuente de dopamina.

Como ves, la relación entre dopamina y cortisol es un aspecto brillante y fantástico de la condición humana. Pero, como suele suceder, esto también tiene sus inconvenientes. Resulta que este mecanismo increíble no fue capaz de predecir que los humanos crearían con tanta rapidez una sociedad que produce tantas fuentes nuevas y totalmente innecesarias de estrés. Vamos a ver algunos ejemplos de este fenómeno:

- noticias que tienden a presentar el mundo de una forma poco favorable,
- azúcar refinada que causa incrementos de glucosa en sangre,

- redes sociales que controlan nuestros pensamientos,
- redes sociales que hacen que nos comparemos con estructuras sociales ajenas,
- una cultura empresarial basada principalmente en los plazos de entrega,
- una cultura que da más importancia al rendimiento que a la felicidad,
- una cultura en la que los objetivos importan más que la presencia,
- ruidos fuertes si vives en una ciudad,
- estrés indirecto causado por la contaminación si vives en una ciudad o cerca de una carretera,
- una vida donde a la mayoría de las personas les cuesta encontrar el equilibrio,
- un mundo digital que arrebata la dopamina a nuestros hijos,
- un mundo digital que nos arrebata la dopamina,
- padres sobreprotectores, que moldean niños que solicitan estímulos en lugar de ofrecer ayuda,
- las notificaciones del teléfono,
- la expectativa de estar siempre disponibles,
- soledad y aislamiento social,
- ausencia de motivos naturales para moverse,
- planes de pensiones inadecuados que hacen que nos preocupe envejecer,
- una cultura basada en la atención que promueve en exceso los discursos negativos.

Lo siento si te estresaste al leer esta lista. Sin embargo, si la repasas, verás que hace 25 000 años la mayoría de las cosas que contiene no eran motivos de estrés. Es obvio que las personas de aquel entonces lo experimentaban como resultado del miedo a enfermar o a lesionarse, pero, en general, la lista de posibles estresores era increíblemente corta en comparación con la que nos ofrece nuestra sociedad. Hay una especie de refrán moderno que viene a decir: «Si nuestras vidas son tan buenas, ¿por qué estamos tan mal?». Que el cortisol esté compitiendo constantemente por nuestra atención y que la dopamina no cese de intentar atraernos con sus múltiples tentaciones son sin duda dos aspectos que responden a esa pregunta.

Pero me gustaría dejar clara una cosa: el estrés en cantidades limitadas no solo es placentero, ¡es maravilloso! El estrés puede hacer que nos pongamos en movimiento y nos sintamos vivos, que notemos la sangre palpitar en nuestras venas. ¿Qué hay más maravilloso en esta vida que experimentar un poco de impaciencia y entusiasmo genuinos? A veces, la concentración que obtenemos mediante la hormona del estrés noradrenalina puede hacernos sentir invencibles y el incremento de adrenalina antes de llevar a cabo un ejercicio complicado en el gimnasio puede hacer que nos sintamos fuertes y vivos. Pregunta a un paracaidista con experiencia y seguramente reconocerá que busca activamente ese estrés. Son adictos al incremento de adrenalina que les proporciona y por eso siguen poniéndose a prueba usando paracaídas más pequeños y haciendo saltos más arriesgados. El estrés en pequeñas cantidades es elixir de vida y una magnífica fuente de energía.

Personalmente, a mí me encantan los baños de agua fría. Hay pocas experiencias que produzcan un estrés de tanta intensidad como un baño de agua fría. Lo mismo sucede con el ayuno, que también supone un estrés para el cuerpo y el cerebro. No, si pudiera elegir yo no optaría por una vida sin estrés. Por otro lado, tampoco estaría dispuesto a quedarme con una vida con estrés crónico, da igual que sea un estrés intenso y de larga duración, o de poca intensidad pero constante.

Por desgracia, aunque a la mayoría nos cuesta admitirlo, o incluso darnos cuenta de ello, casi todos los humanos sufrimos niveles de estrés a largo plazo que son literalmente malsanos. Esta forma de vida poco saludable puede tener una serie de efectos dañinos en nuestra salud física y mental. Veamos algunos ejemplos:

- dolor crónico,
- problemas digestivos,
- enfermedad cardiovascular,
- problemas de memoria,
- pérdida de la alegría de vivir,
- exceso de peso,
- insomnio,
- somnolencia,
- resfriados recurrentes,
- debilidad del sistema inmunitario.

Un momento, ¿no habíamos dicho que el cortisol refuerza el sistema inmunitario? Bueno, la verdad es que sí, pero solo a corto plazo. Si el estrés persiste, tiene el efecto contrario y se convierte en dañino. Deberías prestar una atención especial a esta parte, porque lo que estoy a punto de contarte seguramente te proporcionará una perspectiva nueva e importante sobre cómo afecta el cortisol a la serotonina.

Cuando nos hacemos daño o nos cortamos, se produce una inflamación y la zona de la lesión se enrojece. Creo que todos conocemos este fenómeno. El sistema inmunitario se dispara y moviliza y fabrica glóbulos blancos y citoquinas proinflamatorias (unas moléculas de señalización que las células del cuerpo usan para comunicarse). Uno de los efectos de estas citoquinas es que pueden hacer que otras células de nuestro sistema inmunitario empiecen a convertir el triptófano (sí, el de la serotonina) en quinurenina. Esta, a su vez, se puede convertir en sustancias como ácido quinolínico y ácido quinurénico, ambas potencialmente neurotóxicas (es decir, tóxicas para el cerebro). Esto puede contribuir a un estado de ánimo depresivo a largo plazo. ¡Sin embargo, lo importante es lo que viene enseguida! El daño físico no es lo único que causa inflamación: el estrés psicológico puede disparar el proceso inflamatorio del mismo modo que el físico o que una herida. Con el tiempo, el estrés psicológico puede causar inflamaciones leves y crónicas en el cuerpo (la ciencia aún no puede explicar cuál es el mecanismo exacto) y, en consecuencia, crear estados en los que decaen los niveles de serotonina.

Si leíste hasta aquí ya habrás entendido que el estrés tiene un doble efecto negativo en la serotonina y en la salud mental. Las inflamaciones no solo nos roban el triptófano, que es una pieza importante para la producción de serotonina, sino que ¡se lo entregan a un proceso que fabrica neurotoxinas! Entonces, ¿por qué el cuerpo elige emplear este triptófano para alimentar el proceso inflamatorio y no para producir serotonina? La respuesta es sencilla: porque tu supervivencia es más importante que la estabilidad y la calidad de tu estado de ánimo. En otras palabras, el motivo por el que no querría vivir con estrés crónico es porque quiero que mi equilibrio de serotonina esté intacto.

¿Y qué es exactamente el estrés crónico? Se puede definir como un estado en el que el estrés te mantiene alterado a todas horas y del que no puedes desconectar significativamente mediante el descanso normal. La duración requerida para considerar «crónico» el estrés varía mucho de un estudio a otro, pero mi estimación sobre su duración media está en algún punto entre uno y cuatro meses. Esto significa que si llevas cuatro meses sintiendo que hay un tigre dientes de sable que te ronda y te acecha sin darte tregua, seguramente tienes estrés crónico y deberías hacer algo al respecto.

Habrá quienes digan que llevan años con estrés crónico y que no sufren ningún efecto dañino, que bien podrían seguir así. Pero, con toda seguridad, su estrés crónico les causará algún problema de salud en el futuro, por mucho que no haya nada en el presente que sugiera que esté pasando algo malo.

Yo tuve estrés crónico en 2020. En enero, parecía que todo iba bien. Estaba viajando por todo el mundo para dar unas veinticinco conferencias y participar en muchas entrevistas, grabaciones y cosas así. En una misma semana llegué a dar seis conferencias en dos continentes distintos. Aquel ritmo ni siquiera me generaba mucho estrés, porque estaba haciendo un trabajo que conocía bien y con el que me sentía cómodo. Un mes después, más o menos, el pánico generado por el COVID-19 hizo que todo se frenara. Para mí, eso se tradujo en que todos mis compromisos para el resto del año se evaporaron en cuestión de una semana. Ni yo ni mi equipo de diez personas íbamos a generar nada en el futuro cercano. Pero yo confiaba en que podría resolverlo de la mejor forma, porque se me suele dar bien el cambio. Una semana después, había reorganizado la empresa: íbamos a pasarnos a las redes sociales, a lanzar una formación en línea en HeadGain.com y a crear un estudio de grabación digital. Nunca habíamos hecho ninguna de las tres cosas y no es que hubiera expertos de verdad a quienes consultar, ya que las videoconferencias y las presentaciones en línea apenas se usaban en ese momento. Así que tuvimos que ponernos a leer sobre el tema, hacer ensayos y sacar las cosas por prueba y error. Al final la cosa costó entre cien y doscientos mil euros y tardamos seis meses en completar el giro, pero yo confiaba en que todo iba a valer la pena. En lugar de frenar, como muchos estaban haciendo en ese momento, yo elegí, como hago casi siempre, darlo todo y acelerar. Mi plan era salir de la pandemia más fuertes de lo que habíamos entrado.

¡Y se nos dio muy bien! Si subíamos el ritmo durante el verano podríamos lanzar un montón de productos y servicios nuevos en otoño y salvaríamos la empresa. Sin embargo, en dos días todo cambió debido a dos catástrofes distintas que yo no podía prever.

La primera sucedió a principios de junio. Mi hijo entró corriendo en mi despacho gritando «¡mamá se cayó!». Lo dejé todo y salí corriendo a ayudarla. Maria estaba tirada en la escalera exterior y casi no podía hablar. Murmuraba algo que entendí a duras penas: «Me dio una embolia». Pánico, lágrimas, un viaje en ambulancia, confusión... No me decían nada y no podía ir a verla al hospital debido a la pandemia. De repente, vi una llamada perdida de un número desconocido, lo que seguramente significaba que el hospital había intentado ponerse en contacto conmigo, y suponía que no eran buenas noticias. Me quedé paralizado mirando el teléfono. Después de lo que me pareció una eternidad, volvieron a llamarme y, con el ritmo de discurso más lento de la historia de la humanidad, me explicaron que Maria se iba a recuperar, que la embolia seguramente había sido causada por el COVID-19 y que su recuperación iba a ser un proceso largo.

Dos días después, y de forma bastante inesperada, descubrí la segunda catástrofe. Resultó que un buen amigo mío, vamos a llamarlo Curt, que había estado ayudándonos a mí y a la empresa en los aspectos económicos, había estado llevando mal los números de forma sistemática y ocultándomelo. Lo descubrí cuando el propio Curt me contó que nos habían denegado la ayuda gubernamental para paliar los efectos de la pandemia. Llamé a la Agencia Sueca para el Crecimiento Económico y Regional para saber si aquello era cierto y me dijeron que ni siquiera habían recibido una solicitud por nuestra parte. Sentí que algo no iba bien y seguí indagando. Aquello era un desastre absoluto. No voy a entrar en detalles, basta decir que durante los tres días siguientes pasamos de ser un negocio floreciente y a pleno rendimiento desde todos los puntos de vista a perder nuestra licencia para operar y descubrir que nuestra cuenta corriente estaba prácticamente vacía. No puedo describir con palabras el estrés que viví.

La situación a la que me enfrentaba solo me daba dos opciones: podía trabajar aún más que antes o perder todo aquello por lo que me había esforzado. No nos quedaba dinero, los ahorros para emergencias se habían esfumado y la empresa era un desastre. No estábamos ingresando dinero, mi esposa había sufrido una embolia y yo ya había tenido que acelerar el ritmo para escribir, grabar y crear todo lo necesario para dar nuestro giro al mundo digital.

El día después de la embolia de mi mujer, Framgångsakademin, una exitosa empresa de *coaching* sueca, tenía programada una visita a mi mansión para hacer una sesión de fotos sobre mi nuevo rumbo digital que iba a durar todo el día. ¿Qué podía hacer? ¿Les llamaba y la cancelaba? No, mi única opción era seguir avanzando. A pesar de todo mi conocimiento sobre el autoliderazgo y los mecanismos del estrés, me enfrentaba a muchas dificultades simultáneas y acabó siendo un problema encontrar el equilibrio. Meditaba, hacía ejercicio y dormía bien, que probablemente fue lo que acabó salvándome, pero mi estrés crónico empezó a resultar obvio enseguida. Solo dos meses después de la embolia de mi mujer, en algún momento del mes de agosto, empecé a desarrollar síndrome del túnel carpiano en los brazos, un dolor nervioso que irradiaba desde los hombros a los dedos. También desarrollé iritis, una inflamación ocular que indicaba que mi sistema inmunitario me estaba atacando. Todo esto se acumulaba sobre mí cuando lo que yo necesitaba más que nada era resolver los problemas a los que se enfrentaba mi empresa y mantener mi familia a flote. Acabé esforzándome de más y estoy convencido de que perdí un par de años de vida al hacerlo.

En febrero de 2022, Maria estaba prácticamente recuperada, gracias casi por completo a sus increíbles habilidades de autoliderazgo. Ella es sin duda mi modelo a seguir en este aspecto, ¡fue un logro sorprendente! Yo también recuperé mi salud. Mi equipo y cuatro amigos míos vinieron a apoyarme durante el verano para ayudarme a poner en orden mi empresa. Al final, logramos recuperar la licencia de operaciones en noviembre. Lanzamos HeadGain.com, mi plataforma de formación en línea con todos mis cursos, quinientos videos y textos como para llenar tres libros. En febrero, la página tenía más de mil usuarios de todo el mundo. Aquel año hicimos un gran esfuerzo en redes sociales y mi equipo pasó de 5000 a 200 000 seguidores en YouTube, de 5000 a 145 000 en Instagram y de cero a dos millones en TikTok, lo que convirtió mi cuenta en la séptima más importante de Suecia. Habíamos construido un estudio digital de primera calidad y yo di una conferencia muy importante sobre narrativa para Google USA. Esto acabaría suponiendo mi gran entrada en Estados Unidos, un destino con el que la mayoría de los conferencistas de Suecia solo pueden soñar.

Como ya habrás supuesto, 2021 y 2022 han pasado a la historia como dos de los peores y también de los mejores años de mi vida. La experiencia fue más que complicada, pero aprendí muchísimo. También tengo claro que de no haber sido por mis habilidades de autoliderazgo, me habría derrumbado.

Hay una metáfora magnífica que me sirve de faro en mi autoliderazgo y que dice así: Imagina que eres jardinero. Tienes un jardín espectacular lleno de flores preciosas. Las rosas simbolizan la serotonina y los tulipanes, la dopamina. También cultivas flores que representan nuestras hormonas sexuales: testosterona, estrógeno y progesterona. La oxitocina es un bello y largo girasol. Sientes un gran orgullo por tu precioso y exuberante jardín. Y de repente, un día, mientras trabajas en los rosales, notas caer una gota de agua sobre tu brazo. Sonríes y piensas: «¡Por fin un poco de lluvia!». Te metes en casa y te quedas mirando por la ventana con una taza de té cómo el agua riega tu jardín.

Sabes que es lo que necesita para estar sano, igual que tú precisas pequeñas dosis de estrés de vez en cuando para estar bien del todo. Sin embargo, muy pronto, la persistencia de la lluvia empieza a preocuparte, porque hace semanas que llueve. ¡Y no para! Llueve un mes entero. Miras el jardín y no conserva más que un recuerdo borroso de su antigua gloria. Todo está marchito. Embarrado, muerto y gris. Este es el efecto metafórico del estrés prolongado. Sabemos que el estrés crónico puede afectar directa e indirectamente tus seis sustancias. No es ninguna sorpresa que no nos sintamos del todo bien después de enfrentarnos durante años al estrés crónico.

Ahora bien, ¿se te ocurre cuáles son las soluciones más habituales que adopta la gente para recuperar las fuerzas después de algo así? Ir de compras, viajar, salir a cenar a restaurantes caros, ir al cine, redecorar y renovar sus hogares. Sin embargo, justo después de hacer cualquiera de estas cosas, el estrés y la negatividad regresarán y te sentirás igual de mal que antes. Presa del pánico, tú, que cuidas el jardín, sales corriendo a plantar nuevos rosales, tulipanes y arbustos de hibisco. Por un momento, el jardín regresa a la vida, antes de sucumbir de nuevo a la lluvia sin fin.

Lo único bueno a largo plazo es reducir la cantidad de lluvia, es decir, el estrés crónico negativo que te está afectando. Los efectos de decidir hacer esto pueden ser gloriosos y magníficos. ¿Qué le pasa a tu jardín cuando vuelve a salir el sol, el suelo se seca y la lluvia solo regresa durante breves espacios de tiempo entre días soleados? Que empieza a recuperarse solo. Tú estarás mirando por la ventana como renacen las flores y el jardín recupera el color y la exuberancia sin tener que esforzarte en absoluto. Y lo mismo sucede con la vida.

Yo suelo encontrarme con gente que tiene problemas con su estado de ánimo. A veces lo expresan como una falta de felicidad básica o como la sensación de que están a punto de caer en una depresión. Cuando conozco a alguien así, la primera recomendación que suelo hacerle es: te aconsejo que dibujes un mapa de tu estrés negativo y que lo vayas reduciendo sistemáticamente hasta que sientas que es manejable o desaparezca por completo. Hay personas que toman decisiones bastante drásticas para lograr esto, como dejar de vivir en una ciudad, mientras que otros resuelven estresores menores, como conflictos antiguos que llevan ahí demasiado tiempo.

¿Te has parado a pensar alguna vez que el estrés negativo no existe en realidad como tal y que todo es cuestión de cómo interpretas una determinada situación? Con la excepción de lo que mencioné sobre inflamaciones, entornos urbanos ruidosos y toxinas que causan estrés, lo que de verdad hace que el estrés sea negativo para ti es tu percepción de la experiencia. La buena noticia es que, sabiendo esto, y con el tiempo, puedes eliminar prácticamente cualquier estrés negativo que tengas en tu vida. ¿Es fácil de hacer? La verdad es que no. ¿Vale la pena el esfuerzo? ¡Sin duda!

La inflamación causa síntomas depresivos y muchas personas que se enfrentan a depresiones clínicas también padecen inflamación, según los hallazgos de Marlena Colasanto, de la Universidad de Toronto, y Emanuele Felice Osimo, de la Universidad de Cambridge. Un efecto interesante que he notado en mis clientes es que el resfriado común puede hacer que afloren emociones depresivas. Esto en realidad no es ninguna sorpresa si tienes en cuenta que los resfriados están causados por inflamaciones corporales. Sin embargo, es importante mencionar que la inflamación es un fenómeno que tiene un papel vital en la capacidad del cuerpo para eliminar microorganismos hostiles, deshacerse de las células muertas, reparar los tejidos dañados y contener infecciones. Lo que constituye la base de un coctel infernal son las inflamaciones crónicas, leves e indeseadas causadas por el estrés crónico, algo que deberías evitar acumular.

La mejor forma de evitar la inflamación no deseada es hacer ejercicio, llevar una dieta saludable y reducir el estrés negativo en tu vida, para que tu cuerpo no crea que debe estar siempre evitando una u otra amenaza.

Ahora que ya entendemos mejor la naturaleza del estrés, así como todos sus posibles efectos tanto positivos como negativos, ha llegado el momento de ver unas cuantas herramientas prácticas para producir o reducir el estrés, según convenga.

HERRAMIENTA 1:
EL HISTORIAL DE ESTRÉS

Como ya comenté en las primeras páginas de este libro, el historial de estrés fue la primera herramienta que creé y la más importante para ayudarme a superar mi depresión. Aunque es creación mía, quien me inspiró a hacerlo fue mi gurú del autoliderazgo y esposa, Maria. Pasé todo el verano de 2016 en la cama, llorando desconsoladamente. No tenía ganas de nada. Hasta comer me parecía una pérdida de tiempo. Nada tenía sentido para mí y me consumía una oscuridad incontrolable que lo único que me permitía hacer era sollozar. Teníamos una terraza de verano y mi artista favorita, CajsaStina Åkerström, vino a cantar para nuestros clientes. Salí de casa como pude para ir a escucharla y me quedé lejos para que no me viera nadie, pero no sentí nada. En algún momento del mes de agosto, Maria vino a hablar conmigo. Se sentó al borde de la cama y me dijo:

—David, voy a encargarme yo de todo. De nuestros tres hijos, de hacer la comida, de tener la casa limpia, de dirigir la terraza, el negocio, la granja, a nuestros empleados. De todo. Tú no tienes que hacer nada.

Cuando se levantó y se fue, no sentí nada en concreto, pero dejé de llorar más o menos al cabo de una semana. Cuatro semanas después de ese momento, empecé a sentir alivio y a recuperar la motivación, que era algo que hacía mucho que no experimentaba. Comprendí que lo que estaba haciendo ella era parar la lluvia que estaba inundando mi jardín. Me quitó el estrés, un favor que tuvo un efecto enorme, casi incomprensible, en mí y que me permitió, con el tiempo, poder volver a trabajar, aunque lo más sabio habría sido seguramente dedicar uno o dos años más a recuperarme. Como ya escribí al principio de este libro, fui a dar una conferencia a Gotemburgo, donde me comentaron que había dicho una cosa mal, lo que, a su vez, me hizo ir al médico, que me explicó sin ningún filtro que estaba inmerso en un proceso que acabaría con mi vida. Estos dos factores se combinaron y me dieron una enorme motivación para superar los estados de ánimo depresivos que me habían acompañado durante gran parte de mi vida, y el primer paso para lograrlo fue el siguiente historial de estrés.

El método es relativamente sencillo y se lo recomiendo a todo el mundo, independientemente de si tiene o no la sensación de estar estresado en este momento de su vida.

- *Paso 1*: escribe todos tus estresores en un papel.
- *Paso 2*: asigna cada uno de ellos a una de estas categorías: «Se puede eliminar», «Se puede resolver» y «No lo sé».

Se puede eliminar: pon aquí todas las cosas de tu vida que te generan estrés y que ves claramente que podrías eliminar.

Se puede resolver: pon aquí todas las cosas de tu vida que te generan estrés y con las que puedes aplicar el autoliderazgo para sobrellevarlas hasta que dejen de hacerlo.

No lo sé: pon aquí las cosas que de verdad no sabes cómo enfrentar en estos momentos.

Se puede eliminar	Se puede resolver	No lo sé

Diez ejemplos de «Se puede eliminar»

1. Romper lazos con amigos y familiares que siempre te hacen sentir mal.
2. Dejar de fumar o de beber.
3. Desactivar las notificaciones del teléfono.
4. Vender algo que apenas uses, pero que consideres un problema para tu economía.
5. Cambiar de trabajo o de cargo.
6. Borrar *apps* que te hagan sentir mal.
7. Dejar de programar reuniones sin programar también descansos justo después. ¡Date un poco de espacio para respirar!
8. Evitar los plazos demasiado cortos.
9. Dejar de responsabilizarte de cosas por las que no debes responsabilizarte.
10. Evitar adquirir demasiados compromisos, desde cargos en juntas directivas a apuntarte a clubes de jardinería.

Diez ejemplos de «Se puede resolver»

1. Tu pareja y tú no se ponen de acuerdo en algo: practica la aceptación de los demás.
2. Conflictos: practica considerarlos una oportunidad de crecimiento.
3. Te pusiste objetivos demasiado ambiciosos: divídelos en hitos más pequeños.
4. Los niños dejan los zapatos en la entrada: visto en perspectiva, ¿en serio es tan importante?

5. Pensamientos autocríticos: contrarresta cada crítica con tres pensamientos positivos sobre ti.
6. Dificultad para estar presente en el momento: elimina algunas de tus fuentes de dopamina rápida.
7. Poca confianza en ti: organízate pequeñas victorias ¡y celébralas todas!
8. Sueño: pon en práctica los ocho consejos del capítulo «Las bases de tu coctel celestial» en la página 175.
9. Sentirte atrapado: lee qué son las falsas verdades en la herramienta 8 de este capítulo sobre el estrés (página 137).
10. Actitudes negativas: lee qué son las preguntas para centrarse en el capítulo «El coctel celestial y el coctel infernal», en la página 194.

Ejemplos de «No lo sé»

Es difícil poner ejemplos sobre qué tipo de estresores puedes poner en esta categoría, porque varían muchísimo entre individuos. En general, si algo acaba aquí es porque no le ves salida, porque no tienes el coraje de resolver la situación o porque te faltan herramientas para hacerlo. Por raro e improbable que suene esto, el 99% de los problemas tienen solución, ya sea en el sentido habitual del término o cambiando tu perspectiva al respecto hasta el punto de que deje de serlo. Un ejemplo de una cosa que yo puse en la lista de «No lo sé» fue mi miedo al conflicto, que al final comprendí que se resolvía superándolo y abordando los conflictos de uno en uno. Otro ejemplo era mi falta de valentía para ser yo mismo, que resolví usando las «preguntas para centrarse». En este caso, cambié mi pregunta inicial: «¿Cómo puedo evitar destacar?», y la convertí en: «¿Cómo puedo ser una inspiración para los demás?». Este sencillo cambio supuso una gran diferencia en mi vida.

HERRAMIENTA 2:
MEDITACIÓN

A veces, mi horario de conferencias puede ser muy apretado. Alguna vez he tenido que viajar en helicóptero a tomar un taxi que me estaba esperando para llegar solo cinco minutos antes de la hora de inicio. Y cuando solo tengo cinco minutos para prepararme procuro no dedicarlos a pensar en lo que voy a decir. En lugar de eso, medito. La meditación tiene muchos beneficios, pero si la menciono en este contexto es porque tiene la capacidad de reducir tus niveles de cortisol, lo que te ayuda a pensar con más claridad y a conectar mejor con tus emociones. Cinco minutos después, abro los ojos, enciendo el micrófono y me dirijo al escenario para hablar: relajado, controlado y conectado con mis emociones. Te daré consejos sobre cómo meditar en «Las bases de tu coctel celestial», en la página 175.

HERRAMIENTA 3:
OXITOCINA

Cuando te estresas liberas oxitocina, seguramente para atenuar los efectos del estrés. Lo que puedes hacer para contribuir a este proceso es abrazar a alguien, recibir un masaje, hacer una meditación de gratitud o usar mi herramienta favorita, que ya mencioné: sacar tu teléfono y mirar algo que te llene de empatía y amor. Yo suelo mirar fotografías de mis hijos. Ya expliqué que el estrés crónico afecta negativamente tus niveles de oxitocina. En un estudio publicado en 2014 en *The Journal of Psychiatric Research* se halló que las mujeres que padecen depresión tienen niveles especialmente bajos de oxitocina en comparación con las que no. Como ya sabemos, el estrés crónico puede causar depresión.

HERRAMIENTA 4:
EJERCICIO

El ejercicio mejora tu tolerancia al estrés. Personalmente, creo que no podría aguantar mi ritmo de vida si no hiciera ejercicio. Basta que pase una semana más o menos sin hacerlo para notar que disminuye mi tolerancia al estrés. Recuerda que el ejercicio físico extremadamente intenso puede generar más estrés del necesario. Si ya tienes mucho estrés en tu vida, seguramente te convenga más una rutina de ejercicio menos intensa.

HERRAMIENTA 5:
MOVERSE

Llevo la mayor parte de mi vida formando a personas en técnicas de comunicación y para hablar en público. Una de las cosas que tienen en común casi todas las personas a quienes les estresan estas situaciones es que reaccionan paralizándose o escondiéndose en un rincón con el apuntador láser o poniéndose en modo huida y corriendo de un lado a otro del escenario. En ambos casos, se pueden reducir los niveles de estrés simplemente planificando con antelación los movimientos sobre el escenario. Planifica dónde te vas a poner y cómo te vas a mover a medida que vayas hablando.

Planifica cuándo vas a señalar las diapositivas y deja cualquier accesorio que vayas a usar un poco lejos para tener que ir a buscarlo. Cuanto más relajados sean tus movimientos, menos estrés sentirás. Y lo mismo sucede en la vida: muévete. Funciona de maravilla para controlar el nivel de estrés.

HERRAMIENTA 6:
RESPIRAR

Una de las herramientas más potentes que puedes usar para aliviar el estrés temporal es respirar. Si empiezas a hacer solo unas pocas respiraciones largas por minuto, este ritmo indicará a tu cerebro que todo va bien y que no estás en peligro. El número de respiraciones por minuto variará en función de tu capacidad pulmonar y otros factores, pero entre seis y ocho respiraciones por minuto suelen dar los mejores resultados en cuanto a relajación en el menor periodo de tiempo. Puedes probarlo ahora mismo, pon un cronómetro de un minuto y cuenta tus respiraciones. Céntrate en hacer inhalaciones y exhalaciones largas. No retengas el aire. En lugar de eso, calibra la duración de tus inhalaciones y exhalaciones. Seguramente notarás más calma en solo un minuto. Si de verdad quieres experimentar mucho contraste, puedes probar el ejercicio de respiración que te voy a enseñar en la sección «Aumenta tu estrés», que encontrarás más adelante en este capítulo.

Quiero enseñarte otra herramienta magnífica relacionada con la respiración que se denomina «suspiro fisiológico». Inhala dos veces, muy rápido, para expandir tus pulmones al máximo, y luego exhala poco a poco para comprimirlos. Después, remata con un sonoro suspiro, casi un quejido. Repite el procedimiento cinco o seis veces. La diferencia entre esta herramienta y respirar despacio es que el suspiro fisiológico expande aún más tus pulmones, lo que te permite expulsar con más eficacia el dióxido de carbono de tu cuerpo. El motivo por el que el suspiro fisiológico tiene un efecto tan potente es la realidad anatómica de que el nervio vago pasa muy cerca de la laringe. El nervio vago es el más importante para la calma y la relajación y, cuando se activa, el sistema nervioso parasimpático transmite una señal a casi todos los órganos para informarlos de que todo va bien. Hay sonidos que hacemos con las cuerdas vocales que estimulan el nervio vago con más eficacia que otros, y el suspiro audible o quejido es uno de ellos. Este es también el motivo por el que algunas personas emplean mantras como «oooooom» al meditar.

Las herramientas de respiración son un tratamiento excelente para devolver el control del cerebro a la corteza prefrontal, la parte donde reside la voluntad y la intencionalidad. Puede resultar difícil confiar en métodos mentales para recuperar el control cuando padeces un estrés o una ansiedad incontrolables. En estas situaciones, es mucho mejor empezar el proceso con una herramienta de respiración relajante y después pasar a las herramientas mentales para romper con patrones de pensamiento o alterar tu comportamiento. Por ejemplo, en situaciones estresantes puedes empezar respirando con calma dos minutos (técnica fisiológica) y después pasar a hablarte en tercera persona (técnica mental).

HERRAMIENTA 7:
CAMBIAR LA PERSPECTIVA

¿Sabías que tu respuesta fisiológica al nerviosismo y a la anticipación positiva son casi iguales? Puede parecerte una locura, pero no por ello deja de ser cierto. Hay muchos estudios que confirman que puedes redefinir con éxito tu experiencia del estrés y enmarcarla como positiva en lugar de negativa. Para tomar un ejemplo del mundo real vamos a echar una ojeada al estudio de Alison Wood Brooks, publicado en el *Journal of Experimental Psychology*. En dicho experimento, se pidió a los participantes que cantaran la canción *Don't stop believing*. Se pidió a uno de los grupos que se dijera «tengo ansiedad» justo antes de cantar y al otro que se dijera «tengo ganas de cantar». La experiencia de los participantes después de esto fue diametralmente opuesta. Los individuos del grupo que se dijo que tenía ganas cantaron mejor, estaban más relajados y se divirtieron más. Se han hallado efectos similares en personas que se refirieron a hacer un examen importante o hablar en público: si una persona contextualiza su experiencia como emocionante en lugar de desquiciante, su rendimiento es mucho mejor.

HERRAMIENTA 8:
FALSAS VERDADES

¿Recuerdas lo complicados que te parecieron los procedimientos de manejo el día de tu primera clase práctica en la escuela de conducir? Tenías que aprender a usar el acelerador, el embrague, los intermitentes, los retrovisores, el cambio de marchas, etcétera. Sin embargo, seguramente recuerdas también que, seis meses después, conducir te resultaba natural. A lo mejor no has sacado la licencia de conducir, pero estoy seguro de que recuerdas alguna otra cosa cuyo aprendizaje requirió mucha concentración al principio, pero que después se convirtió en algo tan habitual que ya no tienes ni que pensar conscientemente para hacerlo. La función que automatiza los procesos aprendidos y los integra en la memoria muscular es impresionante, pero, en última instancia, se parece también a la que automatiza nuestras emociones, y eso no siempre resulta tan bueno para nosotros. Al nacer, aún no sabemos cuándo sentirnos de determinada manera ni qué sentir, y puede que nuestros padres no logren enseñarnos qué sentir y cuándo hacerlo. En general, vamos a tener que completar nuestro aprendizaje en casa con experiencias personales en distintas situaciones.

Yo cargué hasta los 35 años con una emoción falsa, que fue generada por falsas verdades: que yo era feo y que las niñas daban miedo. ¿Cómo es posible que alguien llegue a «conclusiones» tan raras y tenga esas emociones? Cuando intenté entender cómo había empezado, comprendí que el origen de aquella verdad había sido una fiesta escolar en quinto curso. Había una pequeña bola de discoteca colgando del techo y en los altavoces sonaba *It must have been love*, de Roxette, a todo volumen. Todas las niñas se reían nerviosamente en una esquina mientras los niños se amontonaban en otra. Aquella iba a ser la noche en la que le iba a pedir a mi gran amor, Maria, que bailara conmigo. Después de muchas dudas y un montón de viajes para rellenar mi tazón de palomitas, atravesé la pista de baile con las piernas temblorosas de un potrillo recién nacido. El tiempo se detuvo. Carraspeé. Maria se volvió y yo le pregunté:

—¿Quieres bailar conmigo?

Y ella respondió:

—No.

Y mi mundo se hizo pedazos. Ahí terminaba mi vida. Todo había perdido sentido para mí. Hasta que, seis semanas después, me enamoré locamente de Karoline. Sin embargo, en la siguiente fiesta escolar me volvió a pasar lo mismo. Después de enamorarme de cinco chicas distintas y que todas me rechazaran, mi cerebro decidió crear dos falsas verdades para protegerme de aquella tortura psicológica durante el resto de mi vida. La primera, que las chicas eran una fuente de dolor y que era mejor evitarlas. La segunda, que yo era feo. Ambas verdades se aferraron a mí hasta que cumplí 35 años y aprendí que nuestros cerebros crean este tipo de verdades para automatizar nuestras emociones y protegernos del dolor. Estas dos falsas verdades se habían puesto demasiado cómodas y ya no eran bienvenidas. Parte del proceso que llevé a cabo para crear una nueva versión de mí mismo implicó hacer una lista de «verdades» que suscribía y que impedían mi crecimiento, y ocuparme de ellas. A continuación, te voy a dar las tres mejores técnicas que he descubierto para eliminar las falsas verdades.

Reevalúa tus referentes

Esta es la técnica que empleé para librarme de la verdad de «eres feo». Para hacerlo, necesitas dos hojas de papel. En una de ellas, escribe los sucesos y experiencias que generaron tu «antigua verdad». En mi caso, fui capaz de escribir cuatro o cinco recuerdos y puntos de referencia que habían contribuido específicamente a generar la falsa verdad de que era feo. En la segunda hoja de papel, escribe situaciones que te proporcionen pruebas de lo contrario. En mi caso, escribí todas las veces que una chica o un chico había dicho algo positivo sobre mi apariencia o se había interesado en mi «atractivo» interno o externo. Resultó que la lista de pruebas era bastante larga y no le había estado haciendo caso. Poner ambas listas una al lado de la otra dejó claro cuál era la verdad y mi antigua autoimagen tardó muy poco en desmontarse.

Aplica un estándar distinto

Yo antes vivía siempre con la idea de que no era un buen líder. Sin embargo, el problema no era que mi liderazgo tuviera algo de malo, sino la falsa verdad que sostenía sobre lo que yo consideraba que eran las características de un buen líder. Lo que yo pensaba era que los buenos líderes son cariñosos y que, si no lo eres, nunca serás uno de ellos. En cambio, cuando amplié mi idea sobre lo que constituye a un buen líder, comprendí que las personas que tienen una gran determinación y puntos de vista sólidos pueden ser igual de eficaces como líderes. Así, solo con llegar a esta nueva conclusión, fui capaz de eliminar mi falsa verdad aprendida de que no era un buen líder. Lo que pasaba era que había estado aplicando un estándar equivocado. Tenía 44 años cuando entendí esto y sé que puede sonar raro, pero las falsas verdades pueden cegarnos y, cuando las automatizamos, ni siquiera somos conscientes de que nos controlan. Lo mismo se aplica a las mujeres que no se sienten suficientemente femeninas o a los hombres que no se sienten suficientemente masculinos. Al final, todo se reduce a lo que han interiorizado que es la auténtica feminidad o masculinidad. Cuestionar de dónde sacaste esa verdad y encontrar estándares alternativos para aplicar puede liberarte de antiguas verdades que te retienen.

Decídelo

Si decides tomar la falsa verdad como la idiotez que es en realidad, podrás derribarla y superarla. Puede ser así de fácil. Esto es precisamente lo que pasó cuando superé la «verdad» de que no me sé orientar. Comprendí que la había adquirido básicamente porque me proporcionaba muchas anécdotas divertidas que luego podía contar. Esta falsa verdad había creado un personaje entretenido que podía adoptar en contextos sociales. El problema era que en realidad no me orientaba tan mal. Lo que solía pasar era que mi cerebro estaba tan ocupado analizando y pensando en un montón de cosas, que con frecuencia olvidaba estar pendiente de las señales. Decidí empezar a mirarlas y, de repente, el problema se solucionó.

HERRAMIENTA 9:
VERDADES CONTRADICTORIAS

Un posible estresor vital son las verdades que aparentemente se contradicen, lo que se suele denominar disonancia cognitiva. Esto se refiere tanto al individuo que sostiene dos verdades incompatibles como al que defiende una verdad que entra en conflicto con la de su pareja o el resto del mundo.

Mi primera experiencia de sostener dos verdades contradictorias fue hace pocos años. La primera se formó cuando tenía 18 años e hice una lista de objetivos vitales bastante superficiales. Un Porsche a los 25, millonario a los 30, vivir algún día a orillas del Mediterráneo, jubilarme a los 42.

Con el paso de los años, sobre todo una vez cumplidos los 35 más o menos, una nueva verdad se arraigó en mí: quería ofrecer formación gratuita en comunicación a todos los niños del mundo. A los 42, el conflicto entre estas dos verdades surgió en mi mente. Una de ellas me decía que me retirara mientras que la otra me instaba a proporcionar formación en comunicación a todos los niños del mundo. No veía cómo combinar ambas verdades y, aunque parezca mentira, aquello me causaba mucho estrés y fatiga. En realidad, nunca me había pasado algo así. La situación se resolvió de forma bastante dramática, cuando estaba en el gimnasio de mi casa y experimenté el primer ataque de ira de mi vida. Estaba furioso conmigo mismo. Grité, lancé cosas, me jalé el cabello y acabé tumbado sobre el tapete de yoga y aceptando por fin que tendría que abandonar una verdad que había sido mi principal objetivo desde los 18 años: que iba a jubilarme a los 42. Mi nueva verdad, que lo que realmente quería era proporcionar formación gratuita en comunicación a todos los niños del mundo, era mucho más importante para la persona en la que me había convertido. El alivio que experimenté después de esto se podría describir como tres copas de coctel celestial que duraron meses.

Si tu verdad resulta ser que necesitas que el cuarto de tus hijos esté limpio y ordenado, mientras que tu pareja opina que eso no es tan importante, están ante dos verdades contradictorias. Y, aunque ninguno de los dos está en lo cierto, la incompatibilidad de creencias puede crear dificultades en la relación. Básicamente, hay tres soluciones para este problema si queréis disfrutar de una relación larga con el mínimo de estrés: 1) Uno de los dos tendrá que cambiar su verdad. 2) Tendrás que aceptar la diferencia. 3) Tendrás que aceptar la diferencia y decidir hacer hincapié en los aspectos positivos que tu pareja aporta a la relación y tú no, y centrarte en apreciar el equilibrio que crean como conjunto.

Si, por ejemplo, tu verdad es que es importante pensar en el medioambiente, esta entrará en conflicto con el comportamiento de cualquiera que no piense igual o que no esté dispuesto a esforzarse tanto como tú. Puede incluso que quieras cuidar el medioambiente y experimentes disonancia cognitiva al elegir tomar un avión a pesar de saber que se trata de una forma de vivir que es insostenible si pensamos en los recursos del planeta. Según la fortaleza de tu verdad y hasta qué extremos la defiendas, las verdades contradictorias pueden proporcionarte una gran determinación, pero también mucho estrés.

HERRAMIENTA 10:
DOPAMINA FRENTE A CORTISOL

Esta herramienta está relacionada con la anterior, pero tiene una dimensión adicional. En un estudio llevado a cabo por un equipo liderado por Martina Svensson, de la Universidad de Lund, se permitió que una rata usara a voluntad una rueda de hámster siempre que quisiera correr. Por otro lado, otra rata estaba obligada a hacerlo solo cuando lo hacía la primera. Los niveles de estrés de la segunda rata eran significativamente superiores a los de la primera, que corría cuando ella quería. ¿Dónde radicaba la diferencia?

La dopamina es lo que hace que un suceso resulte disfrutable y positivo, y que la experiencia reduzca nuestros niveles de estrés. Así pues, la conclusión es que resulta vital que sientas una motivación genuina para hacer lo que haces y llevar a cabo cualquier tarea. Si no es así, corres el serio peligro de que el cortisol y el estrés tomen las riendas y se conviertan en tu fuente de determinación, en lugar de la dopamina.

Lo interesante de esto es que cuando sucede en humanos los efectos resultan obvios. Al empezar a trabajar, lo hacen con muchísima motivación y la dopamina circula libremente. Sin embargo, después de unos años, empiezan a sentir más estrés que motivación. Quizá se fijaron objetivos demasiado elevados, ha habido cambios en la plantilla o en el equipo directivo, o se les han asignado tareas que les resultan menos motivadoras. En lugar de sentirse motivados y funcionar con dopamina empiezan a estresarse y a funcionar a base de cortisol, lo que significa que acaban teniendo que obligarse a hacer el trabajo. Una consecuencia de tener los niveles de cortisol demasiado elevados durante periodos de tiempo dilatados puede ser el desarrollo de lo que se denomina «panza cervecera», una obesidad abdominal producida por la acumulación de azúcar en sangre liberada durante mucho tiempo por el cortisol y que no se usa como «es debido», es decir, para activar y alimentar a los músculos.

HERRAMIENTA 11:
ROMPER EL PATRÓN

Si alguien te hace una crítica negativa es probable que te la acabes repitiendo más adelante. Cuanto más a menudo te pase, más convencerás a tu cerebro de que se trata de un detalle importante que debes recordar, porque es relevante para tu supervivencia. Se convertirá en verdad. Esto, a su vez, hará que tu cerebro siga creyendo y repitiéndote esta nueva verdad en un bucle infinito de repetición, hasta el punto de que ya ni siquiera te percates de ello. Quizá en algún momento alguien te dijo que tenías la nariz grande y tú has seguido repitiéndotelo. Como resultado de esto, tu cerebro determinó que esa información es importante y se ha puesto a decírtela cada vez con más frecuencia. La ecuación es muy sencilla: cuanto más frecuentemente le das una información a tu cerebro, más probable es que empiece a repetirla como si fuera una verdad, sin ninguna consciencia por tu parte.

Y es en estos casos donde la técnica de romper el patrón resulta útil. Aquí la idea es evitar completar el bucle de pensamiento. En lugar de decir: «Tengo la nariz fea, es muy grande y rara», intenta cambiar el rumbo del pensamiento en el «tengo...». No permitas que se repita el bucle. Esto le dirá a tu cerebro que ese pensamiento ya no es importante, porque ni te molestas en terminarlo. En consecuencia, empezará a repetirlo con menos frecuencia en adelante. Cuando recibas una crítica de alguien, puedes usar esta técnica para romper el bucle en los minutos y horas siguientes. Sin embargo, si el bucle lleva años integrado, mi experiencia me dice que puedes tener que romper el patrón constantemente durante dos o tres semanas para llegar a desconectarlo del todo. Mis técnicas favoritas para romper patrones son las siguientes: juegos de palabras, ejercicios de respiración, escuchar música, ver *Seinfeld*, llamar a un amigo por teléfono, meditar, respirar, mojarme la cara con agua fría, hacer movimientos o acciones inesperadas, cantar o centrarme en detalles externos a mí, como contar y observar objetos y colores concretos de mi entorno.

Esta técnica no es un tratamiento muy útil para evitar que la ansiedad se descontrole. Si te encuentras en ese estado, lo mejor es aceptarlo y usar ejercicios de relajación y respiración para calmar tu respuesta en forma de estrés. Si intentas cortar la ansiedad, la sensación puede ser que estás «huyendo» de ella, lo que podría empeorarla.

Un estudio de Barnaby D. Dunn y otros evaluó la técnica de romper el patrón pidiendo a los participantes que observaran las sangrientas consecuencias de un accidente de tráfico. Los participantes a quienes se pidió que rompieran el patrón inmediatamente después de ver las fotografías y los videos poniendo a sus cerebros a pensar en algo distinto al accidente tuvieron un impacto emocional más leve y recordaron menos detalles de las imágenes y los videos que quienes no rompieron el patrón y se permitieron repetir internamente la experiencia de haber visto las imágenes.

El resumen de esta sección sería: si recibes críticas negativas, escúchalas, aprende de ellas, pero rompe el patrón. Si viste algo que preferirías no recordar, rompe el patrón.

Aumenta tu estrés

El estrés en pequeñas dosis puede hacer maravillas, así que he pensado que ahora vamos a hacer algo bastante inesperado: vas a aprender a aumentar tu estrés. ¿Y por qué iba alguien querer hacer eso? Durante el verano que pasé llorando en la cama, me hice análisis de sangre que mostraban que mis niveles de cortisol eran extremadamente bajos. Por eso me sentía tan agotado. Era esencial que aumentara mi cortisol y logré hacerlo combinando el uso del gráfico del estrés y la meditación diaria. Unos seis meses después mis valores volvían a estar dentro de la normalidad y había recuperado mi nivel básico de energía.

Disparo voluntariamente una respuesta de estrés siempre que estoy a punto de dar una conferencia y siento que, por lo que sea, me falta motivación. Cuando esto sucede, puedo elegir fácilmente simular miedo respirando rápidamente durante treinta segundos, moviéndome de un lado a otro con brusquedad o haciendo ver que me persigue alguien. ¡Vamos a hacer juntos este ejercicio tan sencillo! Seguramente notarás que tu energía se incrementa al liberarse el cortisol, cierta sensación de cosquilleo en todo el cuerpo causada por la adrenalina y más concentración gracias a la noradrenalina. Aunque tengo que advertirte que no debes intentar hacer este ejercicio si tienes ansiedad, porque la hiperventilación rápida puede disparar un ataque. Interrumpe el ejercicio inmediatamente si notas desorientación o incomodidad de cualquier tipo. Estas son las instrucciones:

1. Siéntate.
2. Imagina que te persiguen.
3. Mueve la cabeza y los ojos de forma rápida y brusca.
4. Tensa todos los músculos del cuerpo.
5. Mira a tu alrededor y detrás de ti como si te persiguieran.
6. Empieza a respirar con inhalaciones rápidas y forzadas.

Como un extra, después de este ejercicio, prueba a hacer siete respiraciones por minuto como en la técnica de respiración lenta que ya vimos antes. Esto te permitirá experimentar un contraste fascinante y muy interesante.

ESTRÉS: EL RESUMEN

¡El estrés es increíble! Es incluso saludable en dosis pequeñas y breves, así que deberías intentar disfrutarlo todos los días introduciendo actividades nuevas en tu vida, buscando emociones, saliendo de tu zona de confort, enfrentándote a tus problemas y aprendiendo cosas por el camino. Sin embargo, el estrés en grandes dosis y durante largos periodos puede dañarte. Si tu vida es así, deberías usar el historial de estrés, romper tus patrones, meditar, hacer ejercicio de baja intensidad, revisar las verdades que no cuestionas y aplicar todas las herramientas que puedas del capítulo sobre la oxitocina, porque esta proporciona un potente alivio del estrés.

5

ENDORFINAS

Euforia

¡Te doy la bienvenida al lado eufórico de la vida: las endorfinas! La palabra *endorfina* tiene un origen interesante: está compuesta por las palabras *endógenas*, que se refiere a las sustancias que genera el propio cuerpo, y *morfina*, que es un opiáceo que recibe el nombre del dios del sueño griego, Morfeo. Las endorfinas son la producción local de morfina del cuerpo. La gran diferencia entre las endorfinas y la morfina médica es que las fabricas tú y que no solo sirven para aliviar el dolor. Son un gran ingrediente para añadir al coctel celestial cuando quieres «pasarla bien con la vida».

HERRAMIENTA 1:
SENTIR EL DOLOR

¿Cómo puedes liberar endorfinas a voluntad? En realidad es bastante fácil y hay distintos modos de lograrlo, aunque algunos son más agradables que otros. Empezaremos con un ejemplo práctico que también nos dará un buen punto de referencia para hablar de la experiencia subjetiva de las endorfinas. ¿Alguna vez saliste rápidamente de un cuarto y, por lo que sea, olvidaste que las puertas tienen molduras? ¿Recuerdas el dolor al golpearte el dedo gordo del pie a toda velocidad contra la moldura de la puerta? El dolor que se siente a continuación es bastante horrible. Sin embargo, pocos aprovechamos la oportunidad de disfrutar del incremento de endorfinas que suele llegar diez segundos o más después. Yo me esfuerzo en hacerlo cuando me pasa. Siempre que me doy un golpe fuerte en un dedo del pie o en alguna otra parte del cuerpo, me acuesto bocarriba en el suelo, respiro con calma y miro al techo mientras cuento hasta diez. Después, siento como me invade una sensación casi de euforia provocada por las endorfinas que fluyen por mi cuerpo. Esta sensación dura unos sesenta segundos y, si prestas atención al proceso, verás que pasas de la euforia al alivio y a casi la ausencia de dolor, a menos que te hayas roto algo, claro.

Recuerdo claramente que un día, hace tiempo, Maria vino a quejarse de que sentía mucho dolor.

—¿Qué te pasó? —le pregunté.

—No lo sé. Fui al gimnasio hace un par de días. A lo mejor es eso.

Me giré para verla y le dije con mucha tranquilidad:

—O sea que tienes punzadas. Maria, es completamente normal que te duelan los músculos después de hacer ejercicio. De hecho, ese dolor es la prueba de que lo hiciste bien.

Ella me miró como si dudara, asintió y me dijo que sí. Recuerdo que más o menos un mes después entró a la cocina dando brincos y anunció:

—Tengo punzadas por hacer ejercicio, ¡y me siento muy bien!

A mí me encantan los baños de agua fría. El dolor es increíble. Por algún motivo, tengo que contar treinta segundos antes de notar las endorfinas, pero ¡Dios mío!, ¡es que me encanta esa sensación!

Creo que nunca olvidaré la primera vez que me acosté sobre una cama de clavos. En un instante pasé del miedo paralizante a la euforia más absoluta. Aunque en este caso no sé si se debió a las endorfinas, la experiencia fue muy parecida. Si esa vez no hubiera decidido que el dolor era positivo, nunca me habría acostado allí y nunca habría tenido aquella experiencia.

De vez en cuando, me tengo que hacer análisis de sangre y la aguja a veces duele al entrar. Y es increíblemente distinto si elijo concentrarme en ese dolor con una perspectiva negativa, como el miedo, o positiva, por ejemplo, pensando en lo maravillosa que es la sanidad moderna y lo agradecido que estoy de poder ir a hacerme análisis.

Me gustaría cerrar el comentario sobre esta herramienta contándote una de las ideas más locas que he tenido en mucho tiempo: generar tejido adiposo pardo a propósito exponiéndome al frío. Podríamos decir que el tejido adiposo pardo es como una pequeña caldera que tiene el cuerpo, una fuente de calor interna que se enciende cuando tienes frío. Esto tiene potentes beneficios para la salud. Lo que hice fue lanzar el «Desafío de pasar el enero nórdico en playera de manga corta», que estaba abierto a quien quisiera sumarse. Consistía en llevar únicamente una playera de manga corta en el torso durante todo el mes de enero (¡sin excepciones!). ¡Qué frío pasé! Las dos primeras semanas temblaba sin parar día y noche. Fue complicado, pero también increíblemente fascinante. Hice dos observaciones muy emocionantes. La primera, que me sentía lleno de energía después de mis paseos matutinos, mientras que mis amigos, que iban tapadísimos para evitar el frío, acostumbraban a cansarse. La segunda, que tardé dos semanas y media en dejar de congelarme y pasar a sentirme bastante incómodo si llevaba mucha ropa. Quizá esa era la prueba de que de verdad había logrado ganar tejido adiposo pardo. Decidí sufrir el dolor de congelarme para obtener los beneficios para la salud que proporciona ese tejido adiposo, que incluyen la prevención de la obesidad, la diabetes, la resistencia a la insulina y el desarrollo del cáncer, así como una serie de beneficios cardiovasculares. Además, también tiene el beneficio extra de que hace que dejes de tener frío constantemente. ¿Qué tal les fue a los demás participantes? Bueno, la mitad lograron llegar hasta el final y todos parecían bastante orgullosos.

Muchas personas con las que me cruzo han elegido evitar dolores que podrían ser constructivos, como exponerse temporalmente al frío o al hambre, o hacer ejercicio físico. Si estos individuos se enfrentaran al dolor de frente se estarían dando la oportunidad de crecer y sentirse mucho mejor.

HERRAMIENTA 2:
SONREÍR

Aparte de endorfinas, sonreír también produce serotonina y dopamina. Así pues, parece obvio que sonreír hace que nos sintamos mejor. Pero ¿significa eso que podemos sonreír a voluntad y obtener los mismos beneficios? Un importante metaestudio que recopiló datos de 138 investigaciones con un total de 11 000 participantes determinó que los sujetos se sentían genuinamente más felices cuando sonreían, daba igual si lo hacían de forma espontánea o en respuesta a la petición del experimento. Al leer los resultados caí en la cuenta de que yo no era capaz de sonreír, de sonreír de verdad. La sonrisa «de verdad» se denomina también sonrisa de Duchenne en honor al neurólogo que definió el concepto, Guillaume

Duchenne. Fue él quien determinó que la sonrisa de verdad solo aparece cuando los músculos de los ojos (los *orbicularis oculi*) y los que bajan desde los pómulos hasta las comisuras de la boca (*musculus zygomaticus major*) se contraen de forma coordinada.

Los beneficios de la sonrisa de Duchenne son muy significativos. ¿Qué responderías si alguien te dijera que hay una forma de aumentar tu credibilidad percibida, reducir tus probabilidades de divorciarte, incrementar las de casarte, ser más feliz y vivir más años, y que solo tienes que sonreír de una forma determinada? Lógicamente, yo quería ser capaz de hacerlo. Me fui directo a nuestro archivo de Google Photos, que contiene más de 60000 fotografías de nuestra familia y 5000 mías. Pasé muchísimo tiempo revisando las imágenes, pero no logré ver ninguna en la que yo luciera una sonrisa de verdad. Tampoco es que sea un dato muy llamativo, supongo, teniendo en cuenta que he pasado deprimido la mayor parte de mi vida adulta. Por otro lado, sí encontré fotografías mías sonriendo así cuando era pequeño. Supongo que sencillamente me olvidé de cómo se hacía.

Como siempre que quiero aprender algo nuevo, me entregué por completo a la causa. Practiqué y practiqué, y los vecinos del barrio debieron de pensar por aquel entonces que yo era un psicópata de verdad. Pero, por mucho que lo intentara, no me salía. Necesitaba un ejemplo, tenía que experimentar por mí mismo cómo era esa sonrisa. Pensé en qué era lo que me hacía más feliz y que, por lo tanto, era lo que tenía más probabilidades de provocarme una sonrisa de Duchenne como Dios manda. No me costó llegar a la conclusión de que seguramente sería cuando llegaba a casa después de unas semanas de gira e, independientemente del clima, mi hija salía corriendo a recibirme al coche en calcetines y acomodaba su cabeza contra mi cuello para decirme que me había extrañado. Si eso no me provocaba una sonrisa de Duchenne, nada lo haría. Así que tracé un plan: la siguiente vez que regresara a casa, me esforzaría por intentar notar si un abrazo de mi hija me hacía sonreír así. El momento llegó al cabo de unas semanas. Tomé el camino de entrada a mi casa con el coche y, enseguida, vi abrirse la puerta. Leona salió corriendo a recibirme en calcetines, lista para abrazarme con brazos y piernas y, como siempre, acomodar su cabeza contra mi cuello. Y, Dios bendiga mi enfoque analítico: ¡ahí estaba! Sentí que mi rostro se comportaba de una forma a la que yo no estaba acostumbrado. En cuanto entramos, fui directo al baño a mirarme en el espejo para examinar mi sonrisa. Era gloriosa. Después de aquello, empecé a practicar. Ahora tenía un recuerdo, un punto de referencia muscular, y tenía la prueba de que era capaz de sonreír así. Unos meses después las sonrisas de verdad me resultaban del todo naturales. En otras palabras, podía sonreír a la Duchenne cuando yo quisiera, a voluntad. Esto resulta especialmente eficaz cuando me pongo nervioso durante una presentación, reunión o conferencia. Sonreír de verdad durante un momento es una forma magnífica de calmar mis nervios. Estas situaciones dejan clarísimo que las sonrisas pueden aliviar el dolor mediante una descarga de endorfinas. ¿Quizá por eso intentamos sonreír cuando estamos ansiosos o reír cuando tenemos miedo?

HERRAMIENTA 3:
REÍR

Reír es una extensión de sonreír, claro está, pero, a diferencia de la sonrisa, tiene la capacidad de producir una mayor euforia, como la que se obtiene tras golpearse un dedo del pie.

Piensa en esa risa que sale de la panza, la que hace que te duelan los abdominales. Cuando se desvanece, la sensación suele ser de euforia y cierta locura. Lo que hace que esa risa dispare una cantidad tan enorme de endorfinas en comparación con una sonrisa es precisamente la activación de los músculos abdominales. Por eso existe el yoga de la risa, que se basa sobre todo en reír desde el abdomen. Lo que resulta interesante es que se ha descubierto que cuantos más receptores de opioides tienes en el cerebro más tiendes a reírte con las cosas graciosas. ¡Qué suerte!

La familia de las endorfinas está formada por la endorfina alfa, la endorfina gamma y la endorfina beta. La última se menciona en una gran cantidad de estudios que exploran las relaciones sociales. Es relevante en situaciones como que te toque una pareja romántica, participar en una actividad de grupo sincronizada y sentir conexión. Una teoría es que podría ser un sistema de recompensa relacionado con dichas situaciones sociales. Los efectos de esa endorfina beta también son excitantes y se ha demostrado que aumentan nuestra capacidad para interpretar las emociones de los demás y empatizar con su situación. En realidad no es ninguna sorpresa que la mayoría de nuestras sonrisas surjan en reuniones sociales. La profesora Sophie Scott halló que hay un 30% más de probabilidades de reír en reuniones sociales que en soledad. La risa ni siquiera tiene por qué ser la respuesta a algo divertido, con frecuencia se emplea más como una señal social. Reír y sonreír no solo nos hace sentir bien, sino que además se ha demostrado que es un magnífico agente en la creación de vínculos sociales. Por desgracia, ahí afuera hay muchas personas que son como yo era antes, es decir, que rara vez sonríen o se ríen. Quizá tú seas una, pero, si es así, al menos ahora sabes que es cuestión de práctica.

HERRAMIENTA 4:
COMIDA PICANTE

A ver, si el dolor genera endorfinas, no es aventurado sugerir que la sensación de dolor en la boca podría hacer lo mismo. Se dice con frecuencia que la comida picante es adictiva y, aunque las endorfinas no lo son, yo tengo pocas dudas sobre lo que sucede en este caso.

HERRAMIENTA 5:
EJERCICIO

Hacer ejercicio genera endorfinas, pero como también tiene otros muchos beneficios he decidido que tenga su propia sección en el capítulo «Las bases de tu coctel celestial» en la página 175.

HERRAMIENTA 6:
MÚSICA

Hay unos cuantos estudios, incluido uno de T. Nafaji Ghezeljeh, de la Universidad de Ciencias Médicas de Irán, que sugieren que la música puede aliviar el dolor leve mediante la producción de endorfinas, que elevan los umbrales de dolor. En algunas zonas del mundo, la música se emplea activamente como analgésico. Piensa en si hay algún tipo de música que suelas escuchar cuando necesitas aliviar algún tipo de dolor emocional. Yo lo detecté en mí cuando supe que existía esta conexión.

HERRAMIENTA 7:
CHOCOLATE

¡Amantes del chocolate, están de suerte! En su estudio de 2017, la doctora Thea Magrone demostró que lo único que necesitamos para disfrutar del efecto de euforia de las endorfinas es devorar una gran cantidad de chocolate. También se ha demostrado que los niveles de dopamina aumentan un 150% al comer chocolate, así que ofrece un auténtico dos por uno de beneficios. Ahora bien, si lo comparo con la euforia que siento cuando me doy un buen golpe en un dedo del pie, no puedo decir que las endorfinas del chocolate sean igual de intensas. Lo que sí noto, en cambio, es la dopamina. Siento el incremento, que también hace que quiera comer más.

HERRAMIENTA 8:
BAILAR

Pasé cuatrocientos de los setecientos días de la fase de confinamiento de la pandemia de COVID-19 de pie frente a una cámara, dando conferencias desde el auditorio de mi mansión, en lugar de viajar de un lado a otro para hacer eso mismo, como hacía antes. Al principio, me resultaba difícil activarme para dar aquellas conferencias, pero pronto desarrollamos nuestros métodos. Le pedía al camarógrafo que encendiera las luces de discoteca y la máquina de humo que había instalado, que pusiera una canción de Avicii a todo volumen y, entonces, movía el esqueleto yo solo unos tres minutos más o menos. Esto tenía un efecto increíble sobre mi estado de ánimo, mi entusiasmo y mi felicidad. No tiene ningún misterio si tenemos en cuenta que cuando bailamos liberamos muchas endorfinas. Bailar con otras personas nos ayuda a elevar nuestros umbrales de dolor y a estrechar los lazos sociales con esas personas, dos efectos que seguramente están conectados con las endorfinas implicadas. Me gustaría añadir que bailar también conlleva otros muchos beneficios aparte de las endorfinas. Cuando sientas la necesidad de un coctel para mejorar tu estado de ánimo, siempre es buena idea bailar, sobre todo si lo haces con alguien.

HERRAMIENTA 9: BAÑO DE AGUA FRÍA

La mayoría de las personas que se dan baños de agua fría lo hacen «mal», al menos esa es mi opinión. Aunque, quizá, sería mejor decir que la mayoría de las personas podrían optimizar, disfrutar y beneficiarse más de la práctica. Esta es la fórmula que uso yo y que he tardado unos mil baños de agua fría en desarrollar. Es importante decir que no me puedo responsabilizar de los efectos que un baño de agua fría pueda causar en ti y te aconsejo que lo hagas en compañía de una persona amiga, preferentemente en aguas poco profundas. Si sabes que tienes tendencia a padecer ataques de ansiedad, te aconsejo que cuentes con ayuda profesional cerca durante los baños de agua fría, porque pueden disparar esta respuesta. Sin embargo, a la mayoría de las personas un baño de agua fría solo les provoca pura euforia.

Mi fórmula del baño de agua fría óptimo

Métete de golpe en el agua fría y asegúrate de sumergir los hombros, ¡es importante! El efecto inmediato será que tu sistema nervioso simpático responderá al dolor y al peligro percibido y hará que te tenses y empieces a hiperventilar. La mayoría de los bañistas en agua fría con poca experiencia huyen frenéticamente en este instante, pero, si están en un *spa*, esto atrae sin duda una mezcla de miradas de admiración y crítica del grupo que está en la piscina de agua caliente unos metros más lejos. ¡Tú no salgas del agua!

En lugar de eso, inhala y exhala por la nariz tan despacio como puedas. Y, en cuanto recuperes el control de tu respiración, pasa a relajar voluntariamente los músculos. Ambas actividades (la respiración calmada y la relajación muscular) te ayudarán a controlar tu respuesta inmediata al estrés (que está regulada por tu sistema nervioso simpático). Han pasado aproximadamente 15 segundos. Espera 15 más y mete el rostro dentro del agua. Hacerlo activa el reflejo de inmersión que tenemos todos los humanos. Esto reducirá tus pulsaciones y te ayudará a calmar aún más tu respiración. Llegados a este punto ya habrán pasado 30 segundos. Y es más o menos ahora cuando puedes empezar a experimentar los efectos de euforia y alivio del dolor de las endorfinas. Esta también es la fase en la que vas a necesitar volver a recordarte que debes relajar los músculos. Pasados más o menos 45 segundos deberías poder disfrutar plenamente de la experiencia. Concéntrate en algo fuera de ti y de tus sensaciones corporales, suéltate y llénate de la belleza del mundo. Si estás al aire libre, escucha el canto de los pájaros. Si estás en la regadera, disfruta de los colores y patrones de los azulejos. Hazlo unos 15 o 30 segundos más y, entonces, sal del agua y celebra la victoria.

Una vez afuera, dedica un momento también a disfrutar de las reacciones que están sucediendo en tu cuerpo y asegúrate de apreciar la belleza que te rodea. Sentirás los efectos de un gran coctel de endorfinas, noradrenalina y dopamina, y, aunque nadie lo ha demostrado aún, yo creo que la serotonina también es un componente obvio del glorioso orgullo y satisfacción que causa esta actividad. ¡Felicidades! Acabas de pasar del pánico a la euforia en 60 segundos, un trayecto emocional que es increíblemente difícil de hacer tan deprisa de cualquier otro modo que no sea darse un baño de agua fría. Sus efectos suelen durar horas. En todas mis clases de autoliderazgo, sea cual sea la época del año, doy a los participantes la oportunidad de probar un baño de agua fría. He acompañado a muchas personas en esta experiencia y he visto que incluso los que sufren ataques de ansiedad son capaces de afrontarlos si cuentan con la ventaja de tener a un *coach* siguiéndolos en tiempo real. Esto supone para ellos una demostración increíblemente clara y potente de lo importante que puede llegar a ser el control de la respiración y tener la osadía de sentir el dolor en lugar de huir de él.

ENDORFINAS: EL RESUMEN

Como la cereza que corona la rodajita de limón de un coctel convencional, las endorfinas son un maravilloso acompañamiento para tu coctel celestial. A mí me encanta sonreír y reír, y ahora me resulta bastante raro pensar que hubo un tiempo en el que no lo hacía. Si sientes que no sonríes ni ríes tanto como te gustaría, te pido que aprendas a hacerlo, por tu propio bien. Maximiza tu coctel celestial dándote permiso para sonreír y reír más y ve salpicando tu día con cientos de pequeñas dosis de endorfinas. ¿Por qué no empezar con un bailecito, una buena carrera o un agradable baño de agua fría y regalarte la sensación de euforia de una buena inyección de endorfinas?

6

TESTOSTERONA

Seguridad y victorias

¡Te doy la bienvenida al maravilloso mundo de la testosterona! Esta es la sexta y última sustancia de cuyos beneficios vamos a hablar como ingrediente de tu coctel celestial. La principal confusión que existe sobre ella es que va ligada al comportamiento agresivo, pero, como verás enseguida, esto no suele ser así.

La clave para entender cómo funciona reside en la propia testosterona. Al doctor Robert Sapolsky le gusta decir que el principal efecto de la testosterona es la amplificación. La testosterona amplifica las herramientas que ya usas para mejorar tu estatus. En otras palabras, tus niveles de serotonina reflejan tu estatus actual y tu testosterona te proporciona las herramientas para mejorarlo. Una de las posibles herramientas para mejorar el estatus es la violencia y, en este sentido, la testosterona sí puede aumentar tu agresividad. Sin embargo, si la herramienta que decides emplear para mejorar tu estatus es la generosidad, la testosterona amplificará ese comportamiento. Si tu herramienta para mejorar tu estatus es tu sentido del humor, la testosterona te hará ser más divertido. Si generalmente intentas dar con inventos o ideas nuevos para mejorar tu estatus, la testosterona amplificará tu creatividad. Sapolsky llegó incluso a bromear sobre esto en una entrevista: «Podría llegar a pasar incluso que si inflaras con toneladas de testosterona a un grupo de monjes budistas, se pusieran a competir como locos para ver quién es capaz de llevar a cabo más actos de generosidad inesperados». Así, la testosterona es una sustancia extremadamente potente, que sirve para amplificar comportamientos que ya tienes.

Antes de seguir adelante, es importante puntualizar que tanto hombres como mujeres poseen la hormona sexual testosterona y lo mismo sucede con el estrógeno. Lo que pasa es que los hombres suelen tener más testosterona que las mujeres, mientras que las mujeres suelen tener más estrógeno que los hombres. Sin embargo, los efectos psicológicos de un incremento idéntico de testosterona suelen ser parecidos en hombres y mujeres. Una conclusión emocionante a la que he llegado después de mis cursos de autoliderazgo es que las participantes femeninas son las que más disfrutan de los ejercicios relacionados con la testosterona y también son las que más dicen percibir la diferencia. Esto podría deberse a que no suelen contar con tantas oportunidades de experimentar un aumento rápido de testosterona.

Recuerdo cuando aprendí que la testosterona afecta nuestro estatus. Me hizo detenerme a pensar en qué comportamientos aprendidos solía usar para aumentarlo. Enseguida vi que yo no encajaba en las categorías habituales: no usaba cosas caras o de moda para mejorarlo y tampoco lo hacía por asociación, dedicándome a presumir nombres en las conversaciones. En lugar de eso, mi comportamiento en este ámbito parecía depender de otros cinco factores: 1) Mis habilidades de base, que están relacionadas con las de comunicación que uso sobre el escenario o en privado. Me di cuenta de que me gusta usar estas habilidades para mejorar mi estatus. 2) Compartir conocimiento. 3) Ayudar a los demás. 4) Ser inventivo y creativo. 5) Ser diferente. Estos cinco puntos no están en ningún orden jerárquico. Su importancia para mí varía en función del momento y la situación concretos. ¿Por qué no te tomas un momento para pensar en cómo abordas tú este tema? Suelta el libro, recuéstate y piensa en cuáles son los comportamientos sociales que más destacas cuando está en peligro tu estatus o, sencillamente, cuando quieres reforzarlo. Estos son algunos consejos que te pueden ayudar a averiguarlo: piensa en cómo te comportas en situaciones sociales completamente nuevas para ti, qué subes en las redes sociales y qué haces en el trabajo o en tu centro educativo cuando quieres recibir más atención y reconocimiento.

Las propiedades que mencioné eran todas positivas, pero, como dije al inicio del capítulo, la agresividad también se puede usar para aumentar el propio estatus. Otros métodos igual de negativos que he observado incluyen menospreciar, ningunear o hablar mal de los demás, exagerar, hacerse la víctima, insistir en tener siempre la razón y cosas más sutiles como subir el volumen de voz, usar un lenguaje más culto o mostrar superioridad mediante el lenguaje no verbal.

Una reflexión interesante sobre la necesidad que sentimos de ganar influencia social subiendo el volumen de la voz es que casi todo el mundo lo hace. Y, si casi todo el mundo lo hace, significa que puedes aprender mucho si observas cómo se comportan quienes te rodean. ¿Van por ahí ganando estatus con estrategias positivas o negativas? Si lo practicas, puedes aprender a entender mejor que alguien se sienta en desventaja social y ayudarlo como requiera la situación. Puede que la testosterona nos permita subir en la jerarquía social, que es una de las formas de predecir los niveles de serotonina de una persona, pero este estatus elevado puede, a su vez, ir acompañado de otra forma de medir la serotonina, que es la positividad y la sensación de mejora del bienestar.

La testosterona también influye a la hora de correr riesgos. Es decir, que un nivel de testosterona alto nos hace más proclives a arriesgarnos. Sin embargo, hay un debate en movimiento sobre el papel real de la testosterona en esto y parece que entran más factores en esa ecuación. Una hipótesis bastante reciente sugiere que lo que de verdad promueve la predisposición al riesgo podría ser la combinación de cortisol y testosterona. En una revisión de la literatura existente llevada a cabo por Jennifer Kurath, de la Universidad de Ámsterdam (UvA), se halló una correlación, aunque débil.

Un tercer efecto muy interesante de la testosterona es que puede ayudar a potenciar la seguridad. La testosterona está relacionada con nuestra competitividad y reduce nuestra predisposición a abandonar, según Hana Kutlikova, de la Universidad de Viena. Otro investigador, Colin Camerer, ha demostrado que la testosterona puede debilitar nuestro control de impulsos, lo que puede interpretarse también como una forma de incremento de la seguridad. Nuestra sociedad valora mucho la seguridad como rasgo de personalidad y seguramente ha tenido un papel muy importante también en nuestra evolución. La incertidumbre suele generar incomodidad en los seres humanos y la mayoría de nosotros preferimos la seguridad a la inseguridad. Un líder, un vendedor, una posible pareja, un negociador o un presentador que demuestre seguridad suele parecernos más atractivo que uno que no.

Durante mi curso de autoliderazgo guío a los participantes por una serie de experiencias relacionadas con cada una de las sustancias de las que hablamos en este libro y esto incluye una hora de exploración de las sensaciones relacionadas con la testosterona. Las descripciones de los participantes sobre la experiencia de la testosterona difieren muchísimo de las que hacen cuando exploramos las otras cinco sustancias. Se mencionan usualmente palabras como «invencible», «fuerte», «arrogante», «potente» y «sin miedo» y, como ya dije antes, las mujeres suelen sentir los efectos con más intensidad que los hombres.

Esencialmente, pues, aumentar a voluntad tus niveles de testosterona, que en la práctica significa poder incrementar tu seguridad cuando quieras, es un pequeño superpoder. Así que pasaré a contarte cómo hacerlo.

HERRAMIENTA 1:
VICTORIAS

Las victorias disparan tus niveles de testosterona. Pero la definición de victoria es bastante subjetiva. Una persona puede ganar el maratón de Nueva York y aun así no estar satisfecha con su rendimiento si lo hace en más tiempo que la última vez que compitió. Así que esta persona incrementa menos su testosterona que alguien que acaba en la posición número 17, pero reduce en cinco minutos su récord personal, y que ha sentido tal agotamiento durante la carrera que estuvo a punto de retirarse.

Siempre que tengo que dar una conferencia digital desde la JP Manor, a las afueras de Västerås, y me siento un poco apagado o cansado, o por algún motivo tengo la sensación de que la presentación no está bien, pido a mi equipo que nos tomemos un descanso de quince minutos antes de empezar para hacer una actividad competitiva. Esto generalmente implica una sesión de Nerf. Las pistolas Nerf son armas de plástico que lanzan dardos de espuma y nos gusta perseguirnos por la mansión con ellas. Todo el mundo se mete bastante en el papel y suele ser muy divertido. Así, luchamos a muerte quince minutos con las pistolas Nerf y siempre siento como me sube la testosterona durante la partida. Antes de darme cuenta, estoy más predispuesto a dar la mejor conferencia posible ante la cámara.

Otras formas de obtener una sensación parecida son jugar algo en lo que estés bastante seguro de que puedes ganar o retar a alguien a algo que sabes que a ti se te da mejor.

A mí, a no ser que esté muy decaído, me suele bastar con pensar en éxitos y victorias pasados para tener el incremento que necesito.

El investigador P. C. Bernhardt quiso investigar si los aficionados al futbol experimentaban aumentos de testosterona parecidos a los que habían establecido estudios previos que experimentan los jugadores sobre el terreno de juego. Los resultados hallaron que los seguidores del equipo ganador podían mostrar incrementos del 20% en sus niveles de testosterona, mientras que los del equipo perdedor se reducían en un porcentaje similar. En total, pues, esto significa que puede haber un 40% de diferencia entre los seguidores del equipo ganador y los del equipo perdedor.

Lo que resulta interesante es que los niveles de los jugadores suelen subir independientemente de si ganan o pierden. Según un estudio de la Universidad de Berkeley, en California, los jugadores de futbol experimentan un aumento inmediato de testosterona del 30% durante el día de partido, que se mantiene un 15% por encima de su nivel de referencia al día siguiente. Benjamin Trumble, coautor del estudio, comentó que, aunque este se llevó a cabo con hombres, eran de esperar resultados similares en mujeres.

HERRAMIENTA 2:
MÚSICA

Según un estudio de un equipo liderado por Hirokazu Do, de la Universidad de Nagasaki, los hombres con niveles más altos de testosterona no suelen apreciar la música «complicada», como el jazz o la clásica. En cambio, les suele gustar el rock. Creo que la mayoría conocemos la reacción que nos empuja a conducir un poco más deprisa cuando suena determinada música en el coche. Y lo mismo en el gimnasio: escuchar determinado tipo de música nos puede hacer sentir físicamente más fuertes y más «malotes». Otras investigaciones han hallado que la música suele elevar los niveles de testosterona tanto en hombres como en mujeres. Esto nos ofrece una interesante posibilidad, que es un doble beneficio, ya que también puedes usar la música que hayas escuchado en el gimnasio para recuperar en otro momento esa misma sensación.

HERRAMIENTA 3:
CONTROLA TU CUERPO

Como experto en técnicas de conferencia, he dedicado años enteros de mi vida a estudiar a miles de conferencistas e incluso he definido y catalogado 110 técnicas corporales y vocales que se pueden usar para mejorar la comunicación. Gracias a toda esta experiencia detecto con facilidad mediante la vista y el oído los errores al aplicarlas, asumiendo que la intención de la persona siempre es aumentar la seguridad en sí misma. También sé que con unos pocos ajustes en cuanto al uso, estas técnicas pueden ayudar a que las cosas salgan bien y las personas se sientan más seguras.

Tengo un recuerdo especialmente nítido de alguien a quien acompañé. Sus rasgos faciales y tipología corporal lo situaban directamente en la categoría de los hombres increíblemente guapos. Por si eso fuera poco, vestía como un modelo de alta costura y tenía el cabello de un dios griego. Era un diez sin defectos. Entró en la sala dando grandes pasos, con una mirada de acero, y me dio un apretón de manos fuerte y firme que acompañó de una sonrisa cargada de seguridad. Hablamos un momento y le pedí que me mostrara su presentación. Después de conectar su computadora y dirigirse a una esquina, empezó. Y, casi al instante, se desarmó ante mis ojos. Hay siete factores que suelen usarse para evaluar si una persona se siente segura: el balanceo del cuerpo, el movimiento de las caderas, si mira al suelo, si no tiene los pies paralelos, si cruza los brazos por delante del cuerpo, si pronuncia sonidos de relleno y si habla en voz baja. Este hombre tenía siete de siete. Yo me quedé petrificado.

Jamás en mi vida había visto una transformación como aquella. Nadie se había derrumbado así en mi presencia. Le describí con exactitud lo que acababa de ver y, como habrás imaginado, enseguida me dijo que anteriormente había tenido malas experiencias haciendo presentaciones de trabajo y que su respuesta había sido crear la falsa verdad de que lo hacía mal. Empezamos a trabajar en estos siete factores uno a uno y, cuando parecía que estaba preparado, le pedí que volviera a hacer la presentación. A continuación, le mostré un video del primer intento y uno del segundo y rompió a llorar. Me dijo que nunca había pensado que pudiera haber tanta diferencia y que la cosa iba más allá del lenguaje no verbal: que ahora sentía y, de hecho, veía su autoimagen verdadera brillar cuando hablaba. También le pareció bastante increíble haber podido llevar a cabo un cambio tan radical en tan poco tiempo. Problema resuelto. Siguió practicando un lenguaje no verbal que le indicaba al cerebro «va todo bien, yo controlo» y el efecto lo atravesó. Empezó a cosechar victorias con sus presentaciones y, al cabo de poco, su presencia resultaba tan dominante sobre el escenario como en otras áreas de su vida. Aunque este es uno de mis ejemplos más exagerados, tengo muchísimos otros casos que podría mencionar sobre pequeños cambios en el lenguaje no verbal o en el uso de la voz que tuvieron un impacto positivo inmediato en la seguridad de una persona. No puedo asegurar que dichos efectos sean consecuencia de la testosterona, porque no medí los niveles antes y después del cambio, pero estoy lo bastante convencido para afirmar que es casi seguro que la testosterona estaba más alta después.

Cuando quieras aumentar tu seguridad antes de hacer algo, deberías recordar mirar al frente, poner los pies en paralelo, usar las manos en lugar de cruzarlas, evitar el balanceo del cuerpo y la rotación de caderas, practicar para eliminar los sonidos de relleno en tu discurso y hablar alto, fuerte y con claridad. Me gustaría resumir así esta sección: quédate de pie y muévete como si fueras el rey o la reina del mundo durante los diez minutos previos a cualquier actividad para la que quieras aumentar tu confianza. No dudes en combinar esta técnica con el uso de música y las visualizaciones que comentamos anteriormente para que el efecto sea aún más potente.

HERRAMIENTA 4: SEGURIDAD

Después de mi reunión con el «modelo masculino» que pasó tan rápidamente de estar seguro de sí mismo a convertirse en un desperdicio humano y a recuperarse, me impresionó aún más lo mucho que podemos influir en nuestro nivel de seguridad. La seguridad o confianza está muy relacionada con lo que estemos haciendo en ese momento. Por ejemplo, alguien que hace poco que juega basquetbol y empieza a acumular victorias ve como su seguridad y confianza a la hora de jugar crecen a la par. Sin embargo, esto no afectará mucho su confianza a la hora de hacer juegos malabares o entablar un debate político. Pero si nuestro jugador de basquetbol hiciera el mismo camino con el volibol o el futbol y se sintiera igualmente seguro en esos ámbitos, esto también aumentaría su seguridad si le diera por probar el *hockey* sobre hierba en alguna ocasión. Es importante que apliques esto al contexto de tu propia seguridad, porque no es estática. De hecho, la mejor forma de entenderla es como un estado dinámico que podemos desarrollar en distintas áreas de nuestra vida y que se cultiva mediante la práctica y la acumulación de éxitos en un ámbito concreto.

HERRAMIENTA 5:
INTROVERSIÓN FRENTE A EXTRAVERSIÓN

Dentro de tu cerebro hay una zona que es un agregado de algo llamado núcleo del rafe. Ahí encontramos una pequeña constelación de neuronas dopaminérgicas que llevan a cabo distintas funciones, incluida la de generar el deseo de interacción social. Cuando tu apetito social se sacia, se libera dopamina. La diferencia entre una persona introvertida y una extravertida es que la segunda tiene un mayor apetito de interacciones sociales. En otras palabras, necesita pasar más tiempo llevando a cabo actividades sociales que una persona introvertida para sentirse saciada.

Uno de los estudios más reveladores sobre este tema lo llevó a cabo Maureen Smeets-Janssen, de la Universidad de Maastricht, y halló que los individuos extravertidos tienden a tener más testosterona. Entonces, ¿son estáticas la introversión y la extraversión? Para nada. Pueden variar en función de la dinámica de una situación y de cómo se siente la persona ese día. Personalmente, yo he sido bastante introvertido la mayor parte de mi vida, pero desde que me recuperé de la depresión me he ido haciendo poco a poco más extravertido. Últimamente tardo más en saciar mi apetito social. Del mismo modo que puedes entrenar tu práctica del basquetbol y ganar seguridad en las situaciones relacionadas con eso, también puedes practicar las interacciones sociales y ganar seguridad en esas situaciones.

HERRAMIENTA 6:
PELÍCULAS

Quizá no te sorprenda saber que ver una película es una actividad que puede incrementar tus niveles de testosterona. Sin embargo, para que esto suceda, es importante ser capaces de identificarnos con el protagonista, empatizar con él y sentir que nos importan de algún modo sus éxitos. Un estudio mostró que los niveles de testosterona de los hombres aumentaban al ver a Don Corleone en *El padrino*, mientras que los de las mujeres descendían. Sin embargo, ellas mantenían los niveles de testosterona altos cuando veían *El diario de Bridget Jones* y en cambio los de los hombres bajaban. Como ya vimos antes con el estudio sobre el futbol, hay que sentir un compromiso muy fuerte con uno de los equipos para experimentar el incremento de testosterona cuando gana. Del mismo modo, debemos identificarnos mucho con un personaje de una película para que se produzca el mismo efecto.

HERRAMIENTA 7:
AGRESIVIDAD

Según el doctor Robert Sapolsky la agresividad aumenta los niveles de testosterona. Un truco para usar la agresividad para incrementar los niveles de testosterona puede ser ir al baño justo antes de una reunión y pensar en cosas violentas acompañadas, idealmente, de un lenguaje no verbal amenazador y música intensa. Si estoy en un sitio donde no me pueden oír, también suelo gritar agresivamente mientras hago esto, para maximizar aún más la dosis de testosterona.

Sin embargo, en este caso, tengo que decir que la agresividad descontrolada es un gran problema en nuestra sociedad y que si sientes que la tuya se intensifica cuando ves amenazado tu estatus, seguramente es mejor que evites dispararla de forma innecesaria. En lugar de eso, deberías practicar la detección de indicios y aprender a frenarla a tiempo. La meditación funciona muy bien en este caso. Si experimentas este tipo de agresividad, intenta respirar para calmarte, en lugar de dejarte llevar por ella.

TESTOSTERONA: EL RESUMEN

La testosterona se puede describir como un ingrediente de corta duración en el coctel celestial, que se puede usar para mejorar el rendimiento en multitud de situaciones, incluidas entrevistas de trabajo, reuniones sociales, negociaciones y presentaciones. Sin embargo, hay que tener en cuenta también que la testosterona puede nublar tu juicio y afectar negativamente tu control de impulsos. No lo olvides y no permitas que un incremento inesperado de testosterona afecte decisiones vitales importantes y significativas.

También puedes usar la testosterona para mejorar tu confianza a largo plazo acostumbrándote a escuchar música que te active, moviéndote con seguridad o recordando éxitos pasados. No dudes en arriesgarte cuando esto pueda implicar beneficios para ti. Practica pensar en obstáculos y fracasos para alimentar el éxito futuro y asegúrate de proporcionarte pequeñas victorias en cualquier ámbito en el que sientas mayor seguridad.

LAS BASES DE TU COCTEL CELESTIAL

Convertirte en tu mejor versión requiere buenas dosis de autoliderazgo, es decir, la capacidad de regular tus decisiones y pensamientos. Se pueden hacer muchas concesiones que no afectan a la hora de conseguir esto. Sin embargo, hay cuatro áreas de tu vida que no puedes desatender si pretendes triunfar: sueño, dieta, ejercicio y meditación. Todas son tan esenciales para tu bienestar que podría escribir libros enteros sobre cada una de ellas. Las bases que debes mezclar para obtener un buen coctel celestial se podrían resumir así: ejercicio regular, buen sueño, buena dieta y meditación diaria. Estas son mis mejores recomendaciones sobre cada una de estas áreas.

Sueño

1. Pertenezco a la amplísima mayoría de adultos que necesita dormir entre siete y ocho horas en promedio todas las noches. Hay quien sostiene que puede pasar con solo seis. El grupo de personas que son médicamente capaces de funcionar con menos sueño es extremadamente pequeño, aunque quienes creen erróneamente pertenecer a él es bastante grande.

2. El sueño profundo es el más importante de los cuatro ciclos de sueño. Un adulto necesita pasar entre el 13 y el 23% de su noche en este estado para estar descansado al día siguiente. Este sueño profundo tiene un papel importante en el procesamiento de nuestros recuerdos y se puede medir con bastante precisión mediante relojes inteligentes y pulseras de actividad. Las mediciones son más precisas si no compartes cama con nadie, ni pareja ni hijos.

3. Hay unos cuantos trucos que te pueden ayudar a conciliar el sueño y mejorar su calidad:

- Evita la luz azul de las pantallas las horas anteriores a acostarte.
- Mantén el dormitorio fresco en lugar de cálido.
- Asegúrate de que el dormitorio está bien ventilado para que el dióxido de carbono no se acumule durante la noche. Al despertar, un medidor de CO_2 debería indicar una concentración inferior a 1000 ppm, e idealmente debería estar entre 600 y 700. Estos medidores se encuentran fácilmente en tiendas de electrónica.
- Duerme por tu cuenta si hacerlo en compañía altera tu sueño nocturno.
- Acuéstate cuando sientas cansancio (si empiezas a dar vueltas en la cama durante más de media hora, es que aún no era el momento). Para asegurarte de sentir cansancio por las noches, puedes hacer cosas que te agoten física o mentalmente a lo largo del día.
- Tu reloj 24 horas o ritmo circadiano es una especie de temporizador interno que enciendes por la

mañana con una descarga de cortisol y otras sustancias y que hace que te dé sueño por la noche al activarse la secreción de melatonina. Ahora bien, no es uno de esos temporizadores que arrancan dándoles cuerda, la única forma de que empiece a funcionar es que te dé la luz del sol en los ojos. Así pues, en primavera, otoño e invierno es esencial absorber la mayor cantidad posible de sol por las mañanas. Es buena idea dar un paseo matutino y mirar hacia la luz (aunque no directamente al sol). Esto te ayudará a optimizar tu reloj de 24 horas y tu temporizador biológico interno.

- Evita acostarte con ansiedad. Intenta resolverla antes de meterte en la cama. Si lo necesitas, medita para obtener esa calma interior.
- El alcohol tiene efectos negativos en la calidad del sueño, aunque a veces puede parecer subjetivamente que ayuda.
- Vamos a cerrar esta sección con el truco más importante de todos: acuéstate todas las noches más o menos a la misma hora. Esto te ayudará a establecer un buen ciclo de sueño y vigilia.

Dieta

1. Una dieta variada beneficia a la flora bacteriana y te ayuda a obtener cantidades suficientes de vitaminas y minerales, que son muy importantes. Deberías comer fruta y verdura, claro está. Yo intento llevar una dieta mediterránea, porque se ha demostrado que contribuye a tener una vida larga y saludable. Consiste

principalmente en verdura, fruta, pescado, carnes lige-
ras, legumbres, productos integrales y grasas de fuentes
saludables como el aceite de oliva, los frutos secos y las
semillas. También limito mi ingesta de carne roja y
carnes procesadas, grasa animal y alimentos con azúca-
res añadidos.

2. Minimizo los carbohidratos de absorción rápida para
   evitar las disminuciones bruscas de energía y dopamina
   que los acompañan. Estas caídas te hacen tener antojos
   de tomar más carbohidratos de absorción rápida, lo que
   provoca que sientas aún más fatiga. En lugar de eso,
   es mejor centrarse en los carbohidratos de absorción
   lenta.

3. No olvides tomar fibra no soluble, que es la que se obtiene de la harina integral, los frutos secos y las legumbres. Todos estos alimentos te sacian más y reducen el
   riesgo de desarrollar cáncer colorrectal.

4. Evita los productos que contienen azúcar refinada
   añadida. Sus efectos negativos son demasiados para
   listarlos en este libro.

5. No creo mucho en los nootrópicos legales, es decir,
   sustancias que supuestamente mejoran la capacidad
   mental, como la cafeína, la L-teanina o el modafinilo.
   Se pueden obtener efectos similares, y mucho más
   duraderos, garantizándose un buen sueño, haciendo
   ejercicio, con una buena dieta, interacciones sociales y
   alivio del estrés. ¡Tu cuerpo ya es un gran laboratorio
   químico que puede prepararte el coctel celestial que
   prefieras! Si aprendes a entender esto y lo usas adecua-
   damente, experimentarás los efectos que tú quieras durante el resto de tu vida. Sin embargo, si dependes de
   fuentes externas como café, cigarrillos o pastillas para

conseguir esos mismos efectos, solo los obtendrás cuando puedas acceder a esas muletas. Yo entiendo que mi actitud puede parecerte un poco radical. Aunque, por ejemplo, me parece razonable que alguien use sustancias externas para aprender cuál es la sensación que producen los efectos que está buscando e intentar conseguir lo mismo con técnicas de autoliderazgo.

6. Evita los alimentos procesados como el jamón york, el tocino y los patés, ya que se ha establecido una relación directa entre ellos y determinados tipos de cáncer.

7. El aceite de pescado puede ser muy útil para prevenir la inflamación, según un estudio llevado a cabo por un equipo de la Universidad Tufts en Boston liderado por Jisun So. Se ha demostrado que el aceite de pescado con mayores propiedades antiinflamatorias es el que tiene un mayor contenido de ácidos grasos omega-3 DHA, y la dosis ideal es por encima de un gramo. Se han estudiado los efectos del aceite de pescado en la depresión y los resultados sugieren que puede tener un efecto positivo en el estado de ánimo. Sin embargo, si te estás tratando para la depresión, deberías consultar siempre con un médico antes de añadir aceite de pescado o cualquier otro suplemento a tu dieta.

Ejercicio

¿Recuerdas la descripción del proceso inflamatorio que te expliqué en el capítulo sobre la serotonina? Ya dijimos que las citoquinas, que se liberan durante las inflamaciones, influyen en que nuestras células inmunes reúnan los bloques triptófano (sí, los mismos que se usan para la serotonina) y después usen la enzima IDO para convertirlos en una sustancia llamada quinurenina, que es potencialmente neurotóxica (venenosa para el cerebro). Simplificando un poco, esto significa que la inflamación de largo plazo tiene dos efectos negativos en nuestra psicología. Por un lado, restringe el acceso a los bloques que se usan para crear serotonina y, por el otro, produce una sustancia que puede envenenarnos el cerebro. La conexión entre eso y el ejercicio es que el ejercicio ayuda al cuerpo a procesar quinurenina, lo que, a su vez, protege al cerebro de esta sustancia, como descubrió Niklas Joisten en la Universidad del Deporte de Alemania, en Colonia. ¡Magia! O, mejor dicho, ¡biología!

He hecho ejercicio de forma regular desde los 18 años, con solo dos pausas largas en todo este tiempo. Y ambas interrupciones fueron el resultado de dos proyectos de ejercicio físico bastante extremos. El primero me lo inspiró la película *Thor*, donde la imagen de Chris Hemsworth sin playera era, para que negarlo, impresionante. Pero lo que de verdad me motivó fue un sonido que se emitió a mi lado. Maria dio una especie de respingo para tragar saliva cuando apareció Hemsworth por primera vez vestido de Thor. Esto me inspiró para intentar conseguir el físico de un dios nórdico y, por algún motivo, me entregué a ello en cuerpo y alma los siguientes seis meses. Así que hice lo que hago siempre y di el cien por ciento. Contraté a un entrenador personal de tiempo completo, pedí a un fisicoculturista con varios campeonatos en el bolsillo que me diseñara un programa especial de entrenamiento, consulté a un nutricionista y empecé a entrenar más duro que nunca. A los seis meses había conseguido ganar nueve kilos, cuatro de ellos de pura masa muscular. Mis camisetas se abrían por las costuras y los botones de la camisa saltaban durante las reuniones, así que tuve que renovar todo mi ropero. Alcancé mi objetivo y me encantó el proceso, pero hacia el final me estaba atiborrando de cortisol y apenas veía la dopamina. Completé los dos últimos meses del programa por pura fuerza de voluntad. Después de aquello, perdí todo interés en el ejercicio y no volví a hacer nada durante un año.

A lo largo de todos estos años he probado infinidad de programas y planes de entrenamiento, pero al final he llegado al único que me resulta sostenible a largo plazo, que es integrar el ejercicio en mi estilo de vida. Entreno seis días a la semana porque forma parte de mi existencia. Me aseguro de ir al gimnasio o dar un paseo largo todos los días. No es un gran esfuerzo, pero es constante. Nuestros ancestros caminaban kilómetros y kilómetros todos los días y sin duda levantaban más peso en un día que la mayoría de nosotros en un mes. Nuestros cuerpos están hechos para moverse.

Meditación

Cuando me liberé de mis negros pensamientos recurrentes, descubrí dos cosas que acabarían siendo decisivas. Una de ellas fue la herramienta que llamo «historial de estrés» y que usé para deshacerme de mi estrés crónico (ver página 128) y la otra fue la meditación. Mi problema era que mi cerebro no se callaba nunca. Siempre tenía pensamientos zumbando por todas partes, dando vueltas, ¡no me dejaban en paz! Eso ya es un problema en sí, pero lo que lo empeoró en mi caso fue que la mayoría de ellos eran negativos, críticos o destructivos. Me tomaba cientos, si no miles de cocteles infernales todos los días. Cada pensamiento alimentaba mis niveles de estrés y no podía frenarlos. Hasta que por fin, un día, aprendí a meditar.

Anteriormente ya expliqué que la meditación se puede considerar una forma de insertar un retraso en tus respuestas a los estímulos. Antes de empezar a hacerlo, yo sentía irrumpir en mi cabeza todos los pensamientos negativos, pero después de solo cuatro semanas de practicar la meditación fui capaz de reconocer mis pensamientos, insertar una pausa entre estímulo y respuesta y usar ese tiempo para decidir qué sentir frente a ese pensamiento. ¡Vamos a probarlo juntos! Voy a explicarte cómo suelo llevar a cabo la meditación orientada a la focalización y así puedes probarla durante cinco minutos. Si ya tienes experiencia meditando, seguramente ya sabrás todo esto, pero aun así puedes concederle cinco minutos, solo por el gusto de hacerlo.

1. Siéntate, idealmente en la posición de loto, con la espalda apoyada en la pared o en una silla. Las posturas demasiado cómodas o acostadas pueden darte sueño y hacer que duermas en lugar de meditar.
2. Relaja todo el cuerpo, piernas, brazos y, sobre todo, la mandíbula y la lengua.
3. No muevas los ojos. Es más difícil pensar con los ojos quietos y pensar poco es precisamente lo que queremos conseguir con esta meditación.
4. Inhala profundamente tres veces y haz una larga exhalación después de cada una de las inhalaciones.
5. Cierra los ojos y sigue respirando hondo, inhalando y exhalando lentamente (intenta hacer siete respiraciones por minuto).
6. Di para ti, sin pronunciarla, la palabra *fuera* al exhalar y *dentro* al inhalar.
7. Cuando te invada un pensamiento —y esto pasará—, en cuanto seas consciente de él visualiza que lo expulsas

de tu mente. Mándalo hacia la derecha, hacia la izquierda, hacia arriba o hacia abajo, da igual.

8. Un detalle muy importante es que no te juzgues ni te sientas mal porque te invadan pensamientos a cada segundo. Mi récord de tiempo sin pensar en nada son treinta segundos y eso después de años de meditar. Al principio llegaban constantemente, a veces de dos en dos.

Una vez que encuentres el ritmo en la meditación, la sensación será maravillosa. Tu coctel celestial se llenará de un potenciador del estado de ánimo como es la serotonina y de la energía que proporciona la dopamina, todo eso rematado por una dosis de GABA, que es un importante ácido gamma-aminobutírico que frena el cerebro y puede hacer que sientas una ligera sensación de sueño. Aparte de esto, también notarás un agradable descenso del nivel de cortisol que te hará sentir una mayor relajación. Es bastante raro que una persona encuentre su ritmo la primera vez que medita, pero si practicas todos los días lo lograrás antes de darte cuenta. Yo medité veinte minutos todos los días durante los primeros seis meses. Aunque las sensaciones a corto plazo cuando estás meditando pueden ser gloriosas, los efectos realmente increíbles son los que se obtienen a largo plazo. La meditación previene la ansiedad y el estrés, proporciona alivio para el dolor, ayuda a limitar los pensamientos negativos, alivia los síntomas de la depresión, reduce la sensación de soledad, eleva tu implicación social, contribuye a la autoconsciencia, aumenta la creatividad, mejora tu capacidad de concentración, ayuda a la memoria y te hace más compasivo. Está siempre disponible en cualquier lugar ¡y es totalmente gratis! Lo mejor de todo es que no tienes que dedicarle mucho tiempo. Hay estudios que muestran que se pueden obtener efectos potentes meditando solo trece minutos cada día durante ocho semanas. Lo único que tienes que hacer es adquirir el hábito. Si sientes que no tienes tiempo, es señal de que necesitas sin duda sumar la meditación a tu vida.

La meditación orientada a la focalización, la meditación orientada a la gratitud y la meditación orientada a la observación son los tres tipos más habituales y todos siguen el mismo proceso básico que resumí en los nueve pasos anteriores. La diferencia es lo que haces durante el proceso. En la meditación orientada a la focalización te concentras en la respiración o el latido de tu corazón hasta que sientes que puedes soltarte y permitir que tu mente deambule con libertad.

En la meditación orientada a la gratitud, te centras en dar gracias por todo, a todos y a ti. Deja que tu mente deambule de una persona a otra de las que te acompañan en la vida y dale las gracias. Deja que tu mente deambule de una experiencia a otra de las que has vivido y dale las gracias. Deja que tu mente deambule de una parte a otra de tu cuerpo y dale las gracias. La meditación orientada a la gratitud se ha demostrado que tiene el beneficio concreto de hacernos más compasivos con los demás. Así que si consideras que tienes margen de mejora en ese aspecto, esta es la meditación que te conviene.

La meditación orientada a la observación hace hincapié en distanciarse de lo que estés pensando y observarlo desde lejos. Tienes pensamientos, pero practicas no juzgarlos y después los mandas lejos. Esta forma de meditación en concreto es maravillosa cuando intentas incrementar la brecha de tiempo antes de responder a estímulos y puede disminuir tus respuestas emocionales potentes. Más autocontrol, menos juicio y menos evaluación, estos son los efectos más habituales que se consiguen mediante la meditación orientada a la observación.

Meditación espontánea

También puedes meditar si surge un momento oportuno a lo largo del día. A mí me pasa cuando buceo, en la regadera y a veces cuando paseo. Observa cuándo sueles meditar espontáneamente y mira si puedes hacerlo más. Idealmente esto debería complementar tu práctica diaria de la meditación orientada a la focalización.

Meditación creativa

Si eres joven o tienes hijos seguramente recuerdes aquel juguete llamado *fidget spinner* que hacías girar con los dedos y que tardaba un par de minutos en frenar. Un día llegué a casa con uno especialmente llamativo, que podía llegar a girar tres minutos. Le expliqué a Leona, mi hija, una cosa que yo denominaba «meditación *fidget*». Ella, que era muy fan de cualquier cosa relacionada con aquel juguete, se prestó a probarlo. Le dije que se acostara en el suelo, le puse el *spinner* en la frente y lo puse a girar. Lo que tenía que hacer ella era quedarse quieta y acostada con los ojos cerrados y sentir girar el *spinner* hasta que se detuviera. Tres minutos después, abrió los ojos con una expresión algo sorprendida y exclamó: «¡Qué padre! ¿Lo hacemos otra vez?». Esta fue la introducción de Leona a la meditación y llegó a decirles a sus amigos que lo probaran.

En la siguiente sección te voy a ayudar a tener una visión más clara del coctel celestial con un resumen esquemático de todas las cosas que hemos estado viendo y a contarte cómo puedes hacerte un coctel sencillo todas las mañanas y todas las noches, o cuando sientas que lo necesitas.

El único efecto secundario que tendrá es que tu vida será más maravillosa.

Cocteles celestiales y cocteles infernales

El mesero se inclina sobre la barra y te pregunta qué vas a tomar.

—Un coctel celestial de testosterona y endorfinas, por favor.

—¡Guau! ¿Está celebrando alguna cosa?

—¡Sí! Este es el primer día del resto de mi vida, así que me encantaría tener la dosis de seguridad de la testosterona y la euforia de las endorfinas. ¡Creo que es la mezcla perfecta para mí!

—Suena muy bien. ¡Adelante!

Para que todo esto te resulte más sencillo y evitar que vayas pasando páginas al derecho y al revés, más adelante encontrarás un resumen de las seis sustancias de las que ya hablamos hasta ahora para que puedas segregarlas mediante las distintas herramientas que te he dado.

¿Y ahora qué?

Hay unos cuantos caminos maravillosos que puedes tomar para fabricar tu futuro coctel celestial y lo que viene a continuación es una lista de los mejores consejos que te puedo dar.

HERRAMIENTA 1:
CREA UNA RUTINA PARA TUS MAÑANAS

Empezar bien el día es clave para llegar a ser tu mejor versión. Elige una herramienta de cada una de las sustancias y diseña tu propio ritual mañanero. Haz un plan paso a paso y ejecútalo todas las mañanas que puedas.

1. Mira tu *vision board* y experimenta una emoción motivadora basándote en él (lee más sobre esto en el capítulo sobre la dopamina).
2. Haz algún acto generoso por alguien a quien quieras: llámalo por teléfono, mándale un mensaje de texto o graba un video y envíaselo (oxitocina).
3. Sal a que te dé el sol en cuanto te sea posible por la mañana y evoca recuerdos positivos (cortisol positivo + serotonina).
4. Haz algo de ejercicio o escucha un buen pódcast o programa (endorfinas).
5. Decide que hoy va a ser un día de victorias (testosterona).
6. Medita o haz ejercicios de respiración (alivio del estrés).

HERRAMIENTA 2:
EL HISTORIAL DE ESTRÉS

Si no lo has hecho aún, rellena tu historial de estrés según las instrucciones de la página 128 y luego elimina o resuelve el máximo de entradas posibles que hayas apuntado. No dudes en pedir a una persona amiga que te apoye dándote su punto

Dopamina	Oxitocina	Serotonina
Porqués emocionales	Abrazar	Satisfacción
Inercia	Tacto	Luz solar
Mural evocador	Contacto visual	Dieta
Baño de agua fría	Buen sexo	Conciencia plena
Equilibrar la dopamina	Calor	Reducir la inflamación
Acumular dopamina	Frío	Meditación
Racionar la dopamina	Generosidad	Sexo
Interna frente a externa	Música relajante	Estatus
Variabilidad de la dopamina	Empatía	Sonreír
Expectativas	Gratitud	Reír
Socialización	Ho'oponopono	Ejercicio
Libros	Libros	Recuerdos
Películas	Películas	
Imágenes	Imágenes	
Sexo	Meditación	
Ejercicio	Recuerdos	
Meditación		
Recuerdos		

Endorfinas	Testosterona	Cortisol (reducir)
Sonreír	Victorias	Relajación
Reír	Creer en la victoria	Meditación
Comida picante	Música	Reducir la ansiedad
Ejercicio	El cuerpo	El historial de estrés
Música	Ganar masa muscular	Oxitocina
Chocolate	Agresividad	Reducir la inflamación
Bailar	Deportes	Ejercicio
Películas	Películas	Respirar
Imágenes	Imágenes	Cambiar la perspectiva
Sexo	Sexo	Dopamina frente a cortisol
Recuerdos	Ejercicio	Romper el patrón
	Recuerdos	Falsas verdades
		Verdades contradictorias
		Sexo
		Recuerdos

de vista sobre lo que incluiste en tu historial de estrés, ya que puede ayudarte a dar con nuevas soluciones. Rellena un nuevo historial de estrés cada seis meses, ya que algunos estresores tienden a atacarnos sin que nos demos cuenta al principio.

HERRAMIENTA 3:
PREPÁRATE

Prepararse puede significar muchas cosas. En este caso, nos referimos a preparar una meditación a tu medida en la que tendrás en cuenta cada una de las seis sustancias. Como casi todas las meditaciones, se empieza relajando el cuerpo, respirando lenta y profundamente y relajando el rostro. A continuación, una vez alcanzado el estado de calma, puedes empezar la meditación mental abordando las sustancias de una en una. Veamos un ejemplo de cómo podría ser:

1. Recuerda experiencias pasadas de gratitud, amor y cariño (oxitocina).
2. Recuerda experiencias pasadas de felicidad, armonía, calma y satisfacción (serotonina).
3. Recuerda experiencias pasadas de orgullo y amor propio (serotonina).
4. Recuerda experiencias pasadas de risas y sonrisas (endorfinas).
5. Recuerda experiencias pasadas de motivación y piensa en motivaciones y éxitos futuros que podrías experimentar (dopamina).
6. Recuerda experiencias pasadas de poder, complicaciones, victorias, éxitos y seguridad en ti (testosterona).

En este caso, el orden importa, porque las respiraciones y la relajación iniciales reducirán tus niveles de estrés y la meditación que sigue se estructura para ayudarte a intensificar gradualmente tus respuestas emotivas hasta alcanzar un potente clímax al final. Puedes ampliar esta meditación acompañándola de música de fondo cuando la lleves a cabo. Si eres igual de ambicioso que un amigo mío, puedes editar tu propia banda sonora donde cada una de las sustancias se corresponde con dos minutos de una canción especialmente elegida para encajar con los recuerdos concretos que piensas evocar.

HERRAMIENTA 4:
ELIGE TU SUSTANCIA FAVORITA

Una forma sencilla de empezar el día es elegir qué sustancia concreta quieres experimentar en mayor cantidad a lo largo del día y decidir que vas a practicar cómo segregarla llevando a cabo ejercicios útiles para ello varias veces durante el día. Puedes elegir dos si quieres, pero deberías evitar hacer esto con tres o más, porque es fácil confundirse. Vamos a ver unos breves resúmenes que te van a servir de guía y te ayudarán a elegir de qué sustancias quieres practicar su secreción. Cuando lo decidas, siempre puedes regresar al capítulo correspondiente y volver a estudiar las herramientas que ya te di. Y, una vez que sientas que puedes hacerlo, ¡lánzate!

- Si sientes que te falta orgullo y amor propio: serotonina.
- Si sientes que te falta motivación y determinación: dopamina.

- Si sientes que te falta seguridad en algún ámbito o área concreto: testosterona.
- Si sientes que te falta energía y concentración: dopamina.
- Si sientes que te falta felicidad: el historial de estrés + dopamina.
- Si sientes que te falta deseo sexual: las herramientas para aliviar el estrés.
- Si sientes que te falta presencia: oxitocina y serotonina.

HERRAMIENTA 5:
SIRVE UNA COPA A LOS DEMÁS

Hay un par de cosas interesantes relacionadas con servir a otra persona un coctel celestial. La primera es que muchos tendemos a estar más preparados para hacerlo cuando estamos satisfechos con nosotros mismos y con nuestras vidas. El segundo aspecto es que dar a los demás nos concede la oportunidad de experimentar sus reacciones y compartir sus emociones. ¡Es sin duda una situación en la que todos ganamos!

¿Tienes hijos? ¿Lideras un equipo? ¿Tienes amigos? Si la respuesta es sí, esto significa que tienes a muchas personas con quienes practicar. Consulta la tabla de técnicas para el coctel celestial y elige una para aplicarla con otra persona. Puedes hacerle un cumplido, ayudarla o elevar su estatus deliberadamente reconociéndole algo en presencia de otras personas.

Practicar la generosidad y la ayuda a los demás puede ser mágico y liberará grandes cantidades de oxitocina para tu propio coctel celestial.

HERRAMIENTA 6:
CLASIFICA A TUS AMIGOS

La gente al principio se suele reír cuando pongo este ejemplo, pero poco a poco van entendiendo que, en el fondo, es bastante ingenioso. La idea es clasificar a tus amigos por sustancia. Una vez hecho esto, entenderás mejor con quién deberías hablar cuando necesites recargar una sustancia en concreto. Comenté esto con mis amigos más íntimos y también vimos qué sustancias creían liberar ellos al hablar conmigo. Para aclarar esta idea y que sea más sencilla de entender, voy a mostrarte la clasificación de mis amistades.

Llamo a Marcus porque le quita hierro a mi vida. Casi siempre que hablo con él acabo desbordado de endorfinas y serotonina. Las endorfinas vienen de lo mucho que nos reímos siempre juntos. Él me proporciona serotonina porque se le da muy bien subirme el ánimo y aportarme una perspectiva saludable sobre mi estatus percibido.

Llamo a Maria cuando necesito recordarme qué significa en realidad ser humano y preocuparse genuinamente por los demás. Es quien me hace producir más oxitocina.

Llamo a Krister, mi amigo guardabosques, cuando siento que necesito estabilidad. A veces, mi cerebro hambriento de dopamina deambula y se va a las nubes, pero me basta hablar quince minutos con Krister, que tala árboles y mueve troncos por el bosque en su tractor forestal, para volver a poner los pies en el suelo. En realidad, si le preguntas a Krister, la vida es muy sencilla.

Llamo a Magnus cuando necesito frenar un poco. Él está increíblemente centrado en la serotonina y se toma su tiempo hasta cuando las cosas se ponen frenéticas. De todas las personas que conozco, es quien más disfruta de una taza de café.

Seguramente somos extremos opuestos el uno del otro y siempre que nos vemos entiendo que mi dopamina no solo me hace volar muy alto, también me hace correr demasiado.

HERRAMIENTA 7:
PREGUNTAS PARA CENTRARSE

Las cosas en las que nos centramos nos generan emociones y su calidad influye también en la de nuestras decisiones. Lo que, a su vez, influye en nuestra calidad de vida. Y por eso es importante prestar atención a las cosas en las que nos centramos. Los humanos nos concentramos en el mundo que nos rodea formulando afirmaciones y preguntas. Por ejemplo, podemos pensar cosas como «uf, fulanito debe de estar ocupadísimo» o «madre mía, menganito lleva el coche demasiado sucio». O «¿qué falla aquí?», o «¿qué falla en mí?». Las preguntas internas tienden a generar un impacto emocional más potente en nosotros que nuestras afirmaciones, porque las preguntas van un poco más al fondo. Por eso debemos prestarles atención antes. Además, modificar con éxito nuestras preguntas internas recurrentes suele ir acompañado de un cambio también en nuestras afirmaciones internas.

Yo llamo a esas preguntas que nos hacemos de forma recurrente «preguntas para centrarse». Si tus preguntas para centrarte son positivas, añadirán ingredientes positivos a tu coctel celestial. Por ejemplo, la pregunta para centrarse «¿cómo puedo estar más presente?» podría incrementar tu oxitocina, mientras que la pregunta para centrarse «¿cuáles son mis virtudes?» podría incrementar tu serotonina. Al mismo tiempo, las preguntas para centrarse negativas, como «¿qué falla aquí?» o «¿hacia dónde va el mundo?», tienen más probabilidad de alimentar tu coctel infernal. Como la principal prioridad de nuestros cerebros es mantenernos vivos, es mucho más habitual plantearse preguntas para centrarse negativas que positivas. Y, en consecuencia, podemos conseguir efectos beneficiosos rápidamente solo con reformular estas preguntas de forma más positiva. En los incontables cursos de autoliderazgo que he dado con mi equipo hemos recopilado más de mil preguntas para centrarse de nuestros participantes. A continuación te voy a dar las ocho más habituales y te voy a sugerir cómo las puedes convertir en preguntas para centrarse positivas.

¿Qué falla aquí?	¿Qué funciona aquí?
¿Qué habría pasado si yo no [...]?	¿Qué puedo aprender de esto?
¿Qué falla en mí?	¿Cuáles son mis virtudes?
¿Qué pasará ahora?	¿Cómo puedo estar más presente en este instante?
¿Está bien que yo sea diferente a los demás?	¿Cómo puedo inspirar a los demás?
¿Cómo me puede dañar esto?	¿Cómo puede esto suponer un reto para mí?
¿Cómo puedo mejorar aún más las cosas para mí?	¿Cómo puedo disfrutar de lo que ya tengo?
¿Soy lo suficientemente bueno para mi pareja?	¿Cómo puedo ser mi mejor versión?

Quizá hayas encontrado tus preguntas para centrarte en esta lista de ejemplos. Si no, identifícalas y úsalas para entender cómo empezar a escucharte. En cuanto descubras que tienes preguntas internas recurrentes negativas, tienes que sentarte y ver con qué preguntas positivas puedes sustituirlas. Después empieza el proceso de repetición. Repítete las preguntas positivas con frecuencia durante un largo tiempo y llegará un momento en que cambiarán, y lo mismo sucederá con tu coctel interno. Personalmente, antes era incapaz de entrar en una sala o conocer a alguien nuevo sin que se disparara mi pregunta negativa para centrarme de «¿qué falla aquí?», que contribuyó en gran medida a que yo acabara desarrollando depresión. Preguntarte «¿qué falla aquí?» cientos de veces al día no generará emociones positivas y, desde luego, no producirá un coctel celestial. Con el tiempo, logré sustituir esa pregunta por «¿qué es lo maravilloso de esto?». El efecto de este cambio, después de cimentarlo repitiendo la nueva pregunta con terca insistencia durante meses, fue totalmente increíble.

COCTEL CELESTIAL: «BAR 24 HORAS»

¡Te doy la bienvenida al bar Coctel Celestial! ¿Qué se te antoja? Como seguramente ya habrás entendido a estas alturas, hay más de un tipo de coctel celestial. Llegó el momento de ponerse las mangas de mesero, retorcerse el bigote y mezclar doce cocteles muy útiles.

Antes de una cita o una entrevista de trabajo (testosterona y oxitocina)

Aumenta tu testosterona y tu seguridad recordando éxitos y victorias pasados. Idealmente, combina esto con música que te haga sentirte una persona ganadora, invencible y osada. Camina, quédate de pie y muévete como si el mundo entero fuera tuyo. No dudes en añadir una dosis de oxitocina para optimizar el efecto. Por ejemplo, puedes ver un video que dispare tu empatía y te conmueva.

Estudio eficaz (dopamina y testosterona)

Si vas a ponerte a estudiar, necesitas mantener la concentración y proporcionarte las mejores condiciones posibles para recordar lo que estudiaste. Y la dopamina puede ayudarte. Por ejemplo, la puedes disparar pensando qué consecuencias positivas se pueden derivar para ti de este estudio y en lo divertido que te resultará aprender más cosas sobre el tema en cuestión. Si eso no funciona, también puedes aumentar tu dopamina haciendo ejercicio antes de estudiar. Además, es importante reducir tu acceso a dopamina rápida y cortisol dejando el teléfono o la tableta en otro cuarto. La dopamina te funcionará mejor si las sesiones son cortas, así que deberías dedicar entre cuarenta y sesenta minutos al estudio y tomarte un descanso a continuación para recargar. Para aumentar la confianza durante el estudio también puedes estimular descargas de testosterona celebrando victorias sobre la marcha, por ejemplo, después de cada examen aprobado.

Antes de reuniones sociales (endorfinas, testosterona, oxitocina)

Cuando estés a punto de acudir a una reunión social de cualquier tipo te puede ayudar potenciar tus tres sustancias prosociales. Empieza viendo algo que te haga reír y dispare tus endorfinas durante treinta minutos, como imágenes o videos graciosos en el teléfono. De camino a la reunión, puedes aumentar tu testosterona escuchando música animada y que te ponga de buen humor. Al llegar, puedes liberar oxitocina entablando conversación con alguien que te interese de verdad. Evita interactuar o reunirte con personas que sabes que pueden tener un impacto negativo en tu estatus percibido y tu serotonina, es decir, personas que te hacen sentir inferior en algún aspecto.

Gestión de conflictos (oxitocina, serotonina y dopamina)

Cuando vemos que se está generando un conflicto, nuestro nivel de estrés se eleva y esto afecta nuestra capacidad para pensar con claridad. Para evitarlo, puedes intentar activar tu sistema nervioso parasimpático y aumentar tus niveles de oxitocina de forma directa e indirecta relajando el cuerpo, respirando con tranquilidad, acariciándote con discreción para tranquilizarte y sosteniendo una taza con una bebida caliente. Un instinto habitual durante un conflicto es «devolver el favor» reduciendo los niveles de serotonina a la otra persona para asegurarnos de que siente el mismo dolor que nosotros. Lo hacemos menospreciándola, rebajando su estatus o mencionando pequeños defectos o errores suyos. Es buena idea evitar este comportamiento, porque solo nos distancia más de la otra persona y la pone a la defensiva. Deberíamos enfrentar el conflicto como una oportunidad de crecimiento, desarrollo interior y aprendizaje sobre las personas con quienes compartimos nuestras vidas. Para ayudarte a ello, puede ser buena idea prepararte con una dosis de dopamina: explora tus porqués emocionales sobre el conflicto, piensa en lo bien que te sentirás cuando se resuelva y valora en qué aspecto puede suponer una oportunidad positiva para mejorar la relación que tienes con la otra persona.

Incrementa tu creatividad (dopamina y serotonina)

Cuando queremos hacer un trabajo creativo, el buen humor que nos proporciona la serotonina y la determinación de la dopamina constituyen una magnífica combinación. La forma más sencilla de acceder a estas sustancias es haciendo un poco de ejercicio, dándonos un baño de agua fría o ambas. Los procesos creativos acostumbran a tener dos fases. La primera suele implicar recopilar ideas para usar en la creación. El mejor tratamiento para ello es visitar lugares nuevos, conocer gente nueva y absorber su conocimiento. Estas tres actividades estimulan y son estimuladas por la dopamina. La segunda fase implica sentarse para encajar las nuevas ideas e impresiones en lo que sea que estés creando. Otra contribución interesante de la dopamina es a la adquisición de inercia. Si te está costando empezar a hacer algo incluso después de haber hecho ejercicio, haberte dado un baño de agua fría y haber recopilado nuevas impresiones, la mejor idea suele ser ponerse a ello a pesar de todo. Ya sabes, la dopamina suele generar más dopamina. En cuanto arranque tu creatividad, aunque solo sea un poco, el flujo empezará a retroalimentarse.

Dormirse antes (oxitocina, cortisol)

Es básicamente imposible conciliar el sueño con un nivel de estrés excesivo moviéndose por el cuerpo. Cuando los pensamientos son excesivos, el cerebro recibe un bombardeo de imágenes e impresiones sensoriales y te encuentras dando vueltas en la cama, es obvio que no te vas a dormir. La forma más eficaz de salir de ese estado es aumentar tus niveles de oxitocina y activar tu sistema nervioso parasimpático. La mejor forma de lograrlo es meditando diez minutos antes de la hora de acostarte. Otra opción es darte un regaderazo o un baño caliente. A continuación, acuéstate en la cama y limítate a respirar con calma. Intenta hacer entre seis y ocho respiraciones por minuto, o menos, e intenta sentir cómo se empieza a relajar tu cuerpo. Si puedes, no muevas los ojos bajo los párpados. Te prometo que es importante. También deberías evitar hacer actividades que generen cortisol antes de acostarte, como trabajar con la computadora o ver o leer cosas que te estresen. Hay un montón más de consejos para mejorar el sueño, pero estos son los más importantes.

Levantarse con la sensación de haber descansado (dopamina, oxitocina)

Al despertar, tus niveles de cortisol son naturalmente altos, para darte la energía que necesitas para arrancar por las mañanas. Sin embargo, te puedes exponer a la luz del sol para amplificar sus efectos dando un paseo de veinte minutos a primera hora de la mañana. No dudes en combinar esto con dopamina pensando en algo divertido o entretenido que tengas previsto hacer ese día. Si no se te ocurre nada que se ajuste, planea algo que te haga ilusión hacer. Puede ser tan sencillo como comprarte el primer helado del año, ir a una cafetería nueva, practicar alguna cosa o llamar a un amigo. Es buena idea combinar esta dopamina con una buena dosis de oxitocina, que puedes disparar acostándote un minuto y dando gracias por algún suceso del día anterior: puede ser algo que hizo o dijo alguien o alguna experiencia que tuvieras.

Celebrar mejor y con más frecuencia (testosterona, serotonina)

Demasiadas personas olvidamos celebrar las cosas o no lo hacemos lo suficiente. La ventaja de celebrar «en su justa medida» es que te animará a hacerlo con más frecuencia. El primer consejo que te doy es que lo hagas, incluso las cosas pequeñas, como acabar un paseo, tener el valor de salir de tu zona de confort, ser capaz de estar presente en el momento o que alguien te dedique una sonrisa. Mi segundo consejo es que te esfuerces por sentir un orgullo genuino por tus logros. Puedes disparar esta sensación de orgullo irguiéndote, deleitándote con el momento y centrándote en las sensaciones positivas sobre lo que has hecho. Al celebrar los logros grandes y pequeños, aumentas tu seguridad disparando la testosterona, y al celebrar cómo te sientes, aumentas tu autoestima y tus niveles de serotonina.

Enamorarse (oxitocina, serotonina, dopamina, estrés, endorfinas)

Aunque suene raro, es posible preparar el terreno para que salte la chispa del amor. Puedes empezar secretando oxitocina mediante el contacto visual prolongado con otra persona. Plantéale preguntas personales y escucha activamente mientras compartes tus propias experiencias. Tócala, brevemente al principio. Cuando tengas la seguridad de que tienes su consentimiento, puedes prolongar la duración de esos roces. Dedicar cumplidos puede ayudar, esto aumenta su estatus percibido y es probable que tenga un efecto positivo en sus niveles de serotonina. Si puedes hacerla reír, liberará endorfinas y se sentirá más relajada y prosocial. También puedes valorar aumentar artificialmente sus niveles de estrés para generar un estado que su cuerpo pueda interpretar como excitación. Una buena forma de hacerlo es ver películas de terror o subir a una montaña rusa juntos, cosas así. De este modo es más probable que la otra persona asocie contigo lo que siente. Este es uno de los procesos relacionados con el enamoramiento.

Tomar mejores decisiones (dopamina, cortisol)

¿Cuándo estamos mejor preparados para tomar decisiones difíciles? Es una pregunta complicada. Si tomas una decisión que va a influir en tu futuro cuando estás lleno de dopamina y sientes que te vas a comer el mundo, podrías acabar con mucha ansiedad más adelante, cuando veas los compromisos poco realistas que has adquirido contigo mismo y con los demás. Por otro lado, si tomas decisiones cuando tienes los niveles de dopamina bajos, puede que seas demasiado pesimista y muestres demasiada cautela para aprovechar oportunidades que podrían mejorar tu vida de verdad. Yo recomiendo tomar las decisiones importantes en momentos en los que los niveles de dopamina estén cercanos a su nivel medio. Así, tus decisiones reflejarán tu auténtica personalidad y mejorarán las probabilidades de que seas capaz de llevarlas a cabo sin sufrir efectos adversos. Otra sugerencia sería evitar tomar decisiones cuando sientas estrés, porque en ese estado se suele optar por lo que proporciona un alivio inmediato al dolor en lugar de tener en cuenta las consecuencias a largo plazo. Como conclusión: lo ideal es tomar las decisiones importantes cuando tanto la serotonina como el cortisol estén en niveles cercanos a los normales.

Hacer algo difícil (serotonina, dopamina, testosterona, oxitocina, endorfinas)

Hacer algo difícil, como hablar en público si eres una persona tímida o evaluar riesgos cuando eres una persona que huye del conflicto, puede suponer todo un desafío, porque requiere mucha fuerza de voluntad y energía. Estos son mis mejores consejos para manejar esto: usa los niveles naturalmente altos de serotonina que tienes por las mañanas y quítate de encima las tareas difíciles antes de comer. Aparte de aliviarte un poco, hará que te sientas mejor contigo mismo durante el resto del día. También puedes producir dopamina por adelantado pensando en el resultado positivo que esperas, en lugar de producir cortisol centrándote en lo difícil que imaginas que será. En algunos casos, cuando necesitas hacer algo difícil, también te puedes beneficiar de incrementar tus niveles de testosterona, y esto reducirá tu control de impulsos y aumentará la seguridad en ti mismo. Una buena forma de hacer esto puede ser escuchar música que te anime y te proporcione coraje. Después de esto, pasa a visualizar mentalmente cómo será cuando logres el resultado esperado y, si te parece razonable, dispara algo de testosterona invocando tu agresividad como respuesta a las dificultades que se interponen en tu camino para alcanzar lo que ambicionas. Si esa cosa difícil que tienes que hacer te genera estrés, aumenta tus niveles de oxitocina. Puedes intentarlo respirando hondo y con calma para relajarte. Por último, si crees que te puede ir bien, puedes añadir endorfinas al proceso, para aprovechar su efecto analgésico. Puedes hacer esto riéndote y sonriendo. Un buen ejemplo de una actividad difícil son los baños de agua fría en los que suelo acompañar a algunas personas. Como sé que pueden ser difíciles, los programo a primera hora de la mañana (serotonina) y animo a las personas a centrarse en el orgullo que sentirán por su logro después de tomar el baño en lugar de en lo doloroso que creen que va a ser (dopamina). Justo antes de meterse en el agua, les pido que invoquen sentimientos de fuerza y valentía y que se enderecen (seguridad en sí mismas). Cuando ya están en el agua, les pido que respiren de forma calmada (oxitocina) y, mientras se concentran en permanecer donde están, les pido que rían y sonrían (endorfinas), lo que las ayuda a relajarse. Una vez han terminado, me aseguro de animarlas a celebrar la superación del reto (serotonina, testosterona).

Motivación (dopamina, testosterona)

Podemos producir una motivación genuina o fingirla. Vamos a empezar echando una ojeada a la motivación genuina, que es más sencilla de producir pensando en el resultado que intentas obtener y disfrutando la actividad en sí. Si tienes que recoger las hojas secas del jardín, pero no quieres, puedes imaginar lo bonito que se verá cuando acabes y lo bien que te sentirás después de hacerlo. También puedes aprovechar la oportunidad para disfrutar de la experiencia en sí. Presta atención a las emociones que experimentes a medida que veas cómo mejora el aspecto del jardín como consecuencia de tu esfuerzo. Evita acumular dopamina escuchando un pódcast mientras trabajas, esto básicamente equivale a recurrir sin motivo a la falsa motivación. La dopamina es especialmente potente cuando se combina con testosterona. Puede ser buena idea aumentarla por adelantado centrándote en la victoria, escuchando música empoderante y que te proporcione coraje, y caminando, estando de pie y moviéndote como si el mundo te perteneciera. También es importante considerar una victoria cada uno de los pasos que das para despejar el jardín de hojas y ¡celebrarlos todos!

Ahora vamos a ver cómo puedes usar la motivación falsa. Lo interesante sobre las emociones es que el cerebro no es muy bueno a la hora de discriminar de dónde procede cada una. Esto significa que puedes construir tu motivación desde un punto de vista y usarla para un objetivo completamente distinto. Por ejemplo, puedes hacer algo de ejercicio antes de una actividad que no te gusta, como recoger las hojas secas. Te costará mucho menos ponerte a hacer la actividad no deseada después de hacer algo de ejercicio, porque tu nivel de dopamina será elevado. Deberías esforzarte al máximo para evitar la estrategia contraria: flojear durante dos horas antes de ir a recoger las hojas. El contraste entre la dopamina lenta y la rápida puede ser muy impresionante, incluso para los más disciplinados, y este planteamiento aumentará la probabilidad de que cambies de opinión enseguida y regreses al sofá y a las redes sociales casi al momento.

COCTEL INFERNAL

—¡Deme un coctel infernal, por favor!

¿De verdad hay personas por ahí sueltas capaces de pedir uno de esos? Pues, por raro que parezca, sí. Sin embargo, la mayoría de las veces la gente se toma cocteles infernales sin ni siquiera ser conscientes de lo que están haciendo. Vamos a echar un vistazo a las seis variantes más habituales del coctel infernal.

VARIANTE 1: *sin querer*

La primera variante es la de tomarse un coctel infernal sin querer. Esta persona puede tener inflamación crónica o llevar un tiempo enfrentándose a un dolor físico o emocional intenso. Y, aunque nunca llegue a ser consciente de ello, es probable que los efectos del estrés que causa la inflamación o el dolor provoquen un deterioro progresivo en su estado de ánimo con el paso del tiempo.

VARIANTE 2: inocente

La variante dos es un caso más inocente. Es cuando alguien no se permite sentir o expresar emociones positivas. En lugar de eso, sus vidas son melancólicas más o menos constantemente. En muchos casos, lo que pasa es que no les enseñaron a expresar, experimentar o comunicar emociones positivas. En otros, la causa podría ser un trauma padecido en el pasado. Sin embargo, como sucede siempre con el autoliderazgo, es posible aprender a tener la valentía de sentir, mostrar y expresar emociones.

VARIANTE 3: pasiva

Estas personas toman decisiones de forma más o menos deliberada, pero tienen problemas con la pasividad. Son personas que viven para el fin de semana, que experimentan la semana laboral como un peaje que deben pagar. De lunes a viernes se cierran bastante emocionalmente, porque, o bien no disfrutan de lo que hacen, o bien no le ven sentido. Aunque su situación también puede estar causada porque sufren acoso laboral o escolar. El aislamiento emocional y la falta de ingredientes para el coctel celestial que experimentan durante la semana laboral convierte los fines de semana en su único oasis vital. Por desgracia, el lunes siempre acaba llegando y sus vidas vuelven a ser un asco. Esta variante es, esencialmente, un caso de escasez vital de ingredientes para el coctel celestial.

VARIANTE 4: activa

Este coctel infernal es muy habitual en nuestra sociedad. El ingrediente básico en este caso es el estrés crónico causado por una situación insostenible en la vida personal o laboral. El estrés constante soportado durante meses o años puede afectar el equilibrio natural de la dopamina del individuo (determinación y placer), la serotonina (satisfacción y auto-estima) y la testosterona, la progesterona y el estrógeno (hormonas sexuales), lo que, a su vez, afectará su libido y su seguridad.

VARIANTE 5: oscura

La variante más triste de coctel infernal surge cuando alguien se comporta como el Voldemort de los libros de Harry Potter y emplea los poderes «oscuros» que puede proporcionar cada una de estas sustancias. Por ejemplo, estas personas generan conexión maltratando a otros grupos (oxitocina oscura). Usan técnicas de dominación para mejorar su estatus (serotonina oscura). Roban a los demás su testosterona reclamando como propios sus victorias y sus éxitos.

VARIANTE 6: persona que anda perdida

Este es un tipo bastante habitual de persona, que se pone en el papel de «víctima». Estas personas están perdidas, se han aferrado a una fuente de serotonina (estatus) y oxitocina (conexión) autodestructivas. Se hacen daño voluntariamente, se meten en problemas y, después, disfrutan de la atención que les proporciona la lástima que atraen. No solo consiguen atención, sino que sus compañeros y sus amigos generalmente los tratan de forma compasiva e intentan ayudarlos. Esto se convierte en una forma de sentirse reconocidas y de obtener cercanía (oxitocina). Por desgracia, es una trampa en la que puede ser muy fácil caer, pero de la que generalmente es muy complicado escapar sin ayuda externa.

COCTEL INFERNAL: EL RESUMEN

La mayoría de las personas viven con una mezcla de cocteles celestiales e infernales. Llevan vidas que no están mal, que son aceptables en general, pero siguen arrastrando deseos no cumplidos o la sensación de que podrían obtener más de la vida.

Para alguien que toma muchos más cocteles infernales que celestiales, la vida puede parecer invadida por una niebla gris, pero llegan a ese punto de una forma tan gradual que apenas son conscientes de ello. A medida que pasa el tiempo y aceptan sus cocteles infernales diarios, estos individuos empiezan a sentirse cada vez más secos y huecos. Esto conduce con frecuencia a una autocrítica constante que solo amplifica aún más sus emociones negativas. Con el tiempo, esto puede hacer que intenten compensar esas emociones alimentándose de dopamina rápida de distintos tipos, pasando demasiado tiempo en el teléfono celular, jugando, comiendo dulces y botanas, pidiendo comida para llevar poco saludable, o consumiendo noticias, pornografía o redes sociales. Esto suele ir acompañado de una reducción de la estimulación social y la actividad física. Si las cosas se ponen muy feas, estas personas se pueden empezar a sentir tan desesperanzadas que la necesidad de estimulación basada en la dopamina puede llevarlas a desarrollar adicción al juego, a la comida, al alcohol y a otras actividades.

Un exceso de consumo de cocteles infernales a largo plazo puede hacer que una persona desarrolle disforia y síntomas de depresión o ansiedad. Y también es probable que no tenga ni idea de cómo cambiar su situación.

Esto puede sonarte a malas noticias si eres una de esas personas que llevan mucho tiempo tomando demasiados cocteles infernales. Pero también tengo buenísimas noticias: sea cual sea la variante anterior que identifiques como tuya, siempre puedes elegir empezar a tomarte cocteles celestiales. Independientemente de tu situación, esto supondrá una diferencia y, a medida que pase el tiempo, verás que cada vez es más fácil. Poco a poco, se despejará la niebla, la burbuja que sientes que te atrapa se romperá y verás como recuperas las ganas de vivir. Mis mejores consejos para liberarte del sobreconsumo habitual de cocteles infernales son los siguientes:

1. Usa el historial de estrés y toma medidas inmediatas al respecto de lo que sea que descubras. Puedes leer más sobre esto en el capítulo del estrés, en la página 115.
2. Reduce tu consumo de dopamina rápida y sustitúyela por dopamina lenta usando las herramientas del capítulo sobre la dopamina, en la página 25.
3. Implementa las herramientas del capítulo sobre la oxitocina que encontrarás en la página 57.

4. Practica el amor propio y reduce las tendencias autocríticas con las herramientas del capítulo sobre la serotonina, en la página 89.

5. Junto con estos cuatro pasos, deberías empezar a hacer ejercicio con regularidad, aunque solo sea dar paseos cortos. Medita a diario y mejora tu sueño con las herramientas de la página 175.

PARTE 2

CREA TU PROPIO FUTURO

¡Te doy la bienvenida a la segunda parte del libro! Y no quiero que te decepcione su brevedad y sencillez. Dicen que Leonardo da Vinci afirmaba que lo sencillo es la máxima expresión de lo sofisticado y esa es la actitud con la que deberías afrontar esta segunda parte. Es corta y sencilla, pero su contenido es sin duda esencial para aprender a hacer cocteles celestiales durante el resto de tu vida.

Hay dos formas de aproximarse a la música. Puedes hacerla, lo que implica llevar a cabo acciones, y puedes escucharla, que es un acto pasivo.

Hasta ahora hemos estado aprendiendo a hacer música. Por ejemplo, ya vimos cómo hacer nuestros propios cocteles celestiales riéndonos para liberar endorfinas, concediéndonos pequeñas victorias para liberar testosterona y abrazándonos para liberar oxitocina.

Ahora ha llegado el momento de escuchar música, es decir, de entrenar nuestros cerebros para producir endorfinas, testosterona y oxitocina de forma pasiva, sin que hagamos nada para provocarlo.

Quiero que me acompañes de visita a una noche fresca de julio, justo cuando el sol empieza a ponerse en el horizonte. El ocaso baña el campo de trigo que tienes ante ti con destellos cálidos y ambarinos. Sientes la suave brisa veraniega que barre el trigal y decides deambular hacia el otro lado, atravesando la frondosa vegetación del campo. Poco después, lo logras y, al darte la vuelta para ver por dónde has venido, apenas ves huellas de tu paso. Ha sido un paseo tan agradable que decides hacerlo una vez, y otra, y otra, y para cuando acaba el verano lo has hecho unas cien veces y has ido marcando un camino cada vez que cruzabas. Ahora imagina que, por el motivo que sea, decides atravesar ese campo de trigo mil veces. ¿Qué rastro dejarías? Pues uno fácil de seguir, por el que se avanza sin apenas esfuerzo y que no te importa tomar, porque te acostumbraste mucho a él y lo percibes como seguro. Esta es una analogía muy precisa de cómo se forman tus pensamientos y tus comportamientos. Cada pensamiento recurrente, verdad o comportamiento es un camino y por algunos has avanzado decenas o incluso cientos de miles de veces. Te acostumbraste a pensar y comportarte así. Para ti son rutas seguras, sencillas y que te ahorran energía.

Supón que, un día, piensas: «Ya me harté de ir siempre por este camino para cruzar el campo, no me lleva a donde quiero ir. Voy a crear una nueva ruta». Y te desplazas cincuenta pasos hacia la izquierda y emprendes un nuevo camino. Es raro y te cuesta avanzar. El trigo se levanta frente a ti todo el tiempo y tropiezas con montículos de arena y piedras. Y tu cerebro se queja: «¡Ya basta! ¿Pero qué es esta tontería? ¿Por qué estamos yendo por aquí cuando hay un camino seguro y bien marcado ahí mismo?». Pero tú ya lo decidiste y, con el tiempo, llega el cambio. Porque ¿qué sucede con el camino que ya no se usa? Pues que vuelve a crecer la vegetación y lo cubre. Después de un tiempo, el nuevo camino se convierte en la opción más rápida y sencilla. Y después de pasar por el nuevo camino un número suficiente de veces, apenas quedará rastro de la existencia de aquel otro que solías usar. A veces, volver a leer entradas anteriores de nuestro diario nos recuerda comportamientos antiguos que nos preocupaban y que nos parecían desafíos de gran importancia que debíamos superar, pero que ahora ya están completamente borrados de nuestras vidas.

Espero que esta metáfora te ayude a entender que todos tus pensamientos, verdades y comportamientos pueden ser reemplazados por otros nuevos, siempre y cuando los repitas una cantidad suficiente de veces. Lo mismo sucede, claro está, con los nuevos comportamientos. Tomemos, por ejemplo, el hábito de sonreír más. Las sonrisas de verdad te pueden proporcionar una combinación mágica de dopamina, serotonina y endorfinas. Si decides practicar sonreír con más frecuencia, estarás creando nuevos caminos en el cerebro cada vez que lo hagas y un día, después de meses o tal vez un año, notarás de repente que sonríes más constantemente, sin tener ni que pensarlo. ¡Muy bien! Habrás aprendido a escuchar música en lugar de tener que crearla activamente. Estás haciendo un coctel celestial de forma pasiva, sin tener que pensar siquiera en disparar nada. El término científico para todo esto que acabo de describir es neuroplasticidad.

NEUROPLASTICIDAD Y REPETICIÓN

Durante mucho tiempo, hubo un consenso respecto a que el cerebro humano era estático e invariable, y aún hoy en día hay personas que insisten en que nacieron sin la habilidad de bailar, cocinar, orientarse, ser graciosas, ser capaces de hablar bien en público, dirigir a otras personas, cerrar una venta, etcétera. Lo que sabemos ahora es que esta actitud inhibe radicalmente, a veces por completo, el crecimiento individual en las áreas relacionadas. Esto es lo que se suele denominar tener una actitud rígida. Por otro lado, cualquiera que crea que puede mejorar y crecer en una determinada área puede hacerlo. Esto se denomina tener una actitud de crecimiento. Ya aprendimos no solo que el cerebro es dúctil, sino también que podemos decidir cuándo y si queremos que cambie.

Mi primer consejo sería que te preguntes si crees que puedes elegir con libertad ser feliz, sentir orgullo por quien eres, quererte o tener seguridad en ti. Si crees que sí, puedes hacerlo. En cambio, si crees que no tienes esa libertad, deberías encontrar la manera de convencerte de lo contrario. Probablemente el camino que tienes por delante sea más largo, pero no tiene nada de imposible. Sigue leyendo sobre la actitud de crecimiento con una mentalidad abierta y habla del tema con los amigos que creas que sienten curiosidad y tienen también una mente abierta. Inspírate en ellos y cambia tu perspectiva. En realidad, los humanos somos fáciles de influir y podemos llegar a creer casi cualquier cosa. En este caso, se trata de creer que tienes el poder de cambiar tu comportamiento e influir en tu propio bienestar.

Supón que contrajeras una misteriosa enfermedad tropical que te obligara a pasar una cuarentena de doce semanas en un hospital especializado. Te meten en un cuarto blanco y vacío con una ventanita por la que solo se ve una pared de ladrillo. Te pasan la comida por una rendija en la pared opuesta. El personal es lo bastante benévolo para proporcionarte una computadora para que te puedas entretener. Te sientes solo, supongo, pero no es insoportable. Un día, mientras lees las noticias, descubres un estudio científico que aparentemente ha demostrado que los individuos pelirrojos se han vuelto propensos a estallidos de violencia debido a cambios en su composición genética causados por recientes alteraciones atmosféricas. El artículo advierte que no hay que establecer contacto visual con los pelirrojos. Después de esto, y durante las doce semanas siguientes, lees un montón de noticias sobre crímenes violentos cometidos, aparentemente, por pelirrojos. Por fin, llega el día que se considera seguro para que regreses con la población general y te dejan salir del pabellón. En la entrada del hospital, pasas al lado de un pelirrojo y notas que te estremeces de terror. Puede parecer un ejemplo raro: ¿quién publicaría una mentira así y manipularía las noticias para hacer creer que los pelirrojos son criminales? Pero, si lo piensas un poco, verás enseguida que así es como funcionan en realidad las noticias y las redes sociales. Te hacen creer cosas que no creerías de cualquier otro modo y que ni siquiera eres consciente de que crees. Los medios, por ejemplo, acostumbran a hacer hincapié en las noticias negativas en lugar de en las positivas, lo que nos puede dar una idea sesgada sobre el verdadero estado del mundo. Lo que pasó durante esas doce semanas es que llevaste a cabo un cambio neurológico que hizo que tu cerebro te sirva automáticamente un coctel infernal ante la simple visión de una persona pelirroja.

Mi objetivo con este ejemplo es señalarte que las cosas con las que alimentas tu cerebro acabarán convirtiéndose en verdad si las consumes el tiempo suficiente. Si hasta ahora no controlabas con qué alimentabas tu cerebro, significa que son tus padres, tus amigos, tu cultura, los medios de comunicación que has consumido y las redes sociales quienes han elegido tus creencias. Tu cerebro se alimenta de ideas constantemente (se programa), tanto consciente como inconscientemente, de las personas con quienes te asocias. Las cosas que eliges dar a tu cerebro a diario forman caminos por tu campo de trigo mental que, a su vez, determinan qué cocteles celestiales o infernales acabas tomando. La neuroplasticidad no descansa nunca. Es un proceso que adapta tu cerebro constantemente para asegurarse de que funciona de manera óptima en cualquier circunstancia en la que te encuentres. Se trata de un proceso que tiene lugar todos los días y que te convierte en el individuo que eres. En términos técnicos, los recuerdos y las actividades (las conexiones nerviosas y neuronales) que repites frecuentemente se refuerzan, mientras que los que no repites tanto se debilitan. Esto significa, pues, que hay cambios físicos reales en tu cerebro que se dan como resultado de elegir o no repetir algo. En otras palabras, que puedes crear un coctel celestial automático permanente en tu interior tomando las decisiones correctas sobre con qué alimentar tu cerebro.

¿CUÁNTO TARDA EN PRODUCIRSE EL CAMBIO?

Con toda probabilidad, el cambio ya empezó. Los consejos y las ideas que leíste en este libro ya te inspiraron para abrir nuevos caminos por tu campo de trigo. El cambio puede llegar como una epifanía cuando finalmente cae una ficha o algo cobra sentido. Pero ese tipo de revelaciones pueden ser fugaces y son bastante difíciles de producir o predecir a voluntad. En nuestro caso, es mejor confiar en mecánicas de repetición predecibles, pero más lentas. Los estudios sobre neuroplasticidad han hallado que aparecen diferencias visibles en el cerebro después de solo cuatro semanas y que dichas diferencias aumentan a medida que pasa el tiempo. La mayoría de los estudios sobre este fenómeno en concreto no se han prolongado más de doce semanas, pero los pocos que lo han hecho muestran de forma bastante clara que puede seguir habiendo cambios una vez superado ese momento. Sin embargo, basándonos en esta ciencia y en mis propias experiencias con los miles de personas a las que he formado en mis cursos de autoliderazgo, parece que existe una especie de marco temporal mágico de unas ocho semanas. Después de esas semanas, los ejercicios empiezan a activarse pasivamente, es decir, sin que tengas que dispararlos tú deliberadamente. En otras palabras, después de ocho semanas de esfuerzo, podrás empezar a escuchar la música que creaste. En cuanto a mí, tardé entre cuatro y cuarenta semanas en automatizar las distintas herramientas que uso. No creo que nadie pueda asegurar cuánto tardarás tú en conseguir un cambio duradero en un comportamiento o un patrón de pensamiento habituales. Varía mucho en función de la persona y depende de muchos factores, incluidos aspectos genéticos, epigenéticos, programación existente, si hay una actitud de crecimiento o rígida, la frecuencia de repetición de los ejercicios y su duración, y las condiciones vitales concretas del individuo. Lo que sí sabemos sin duda alguna es que podrás reprogramarte. Y da igual si tardas dos, ocho o doce meses en dominar todas las herramientas. Lo que tardes no importa. Lo que importa es que decidas que, de ahora en adelante, elegirás activamente entrenar para sentirte como te quieres sentir. La cantidad concreta de meses que dediques a ello es irrelevante. Yo hace seis años que me liberé de mis pensamientos depresivos y lo más emocionante de mi viaje hasta ahora es que cada mañana, al despertar, he mirado mi *vision board*, que tengo al lado de la cama, he elegido una herramienta para trabajar ese día y he repetido este patrón una y otra vez. Y cada año que pasa me siento mejor. A veces me pregunto si las cosas dejarán de mejorar algún día. La vida me embriaga y a ti te puede pasar lo mismo si no te sucede ya.

UNA NUEVA VIDA

Tú, yo y todo el mundo debemos enfrentarnos cara a cara con el hecho de que el mundo que habitamos es demasiado complicado para nosotros. Las noticias que vemos todos los días, los constructos sociales extremos con los que nos comparamos, la infinidad de opciones que se nos presentan, la falta de ejercicio natural en nuestros estilos de vida, la importancia que se otorga al rendimiento, la tentación de la comida rápida y el azúcar que solo hacen que se nos antojen más carbohidratos y azúcar, los niños con padres sobreprotectores y que demandan más estímulos que ninguna otra generación anterior: todos estos fenómenos suponen retos mentales.

Podría incluso llegar a suceder que sea más difícil vivir en nuestro mundo que en el que vivían Duncan y Grace hace 25 000 años, ¡aunque debo decir que la sanidad, la salud bucodental y las leyes sobre no matar son grandes progresos!

Sea como sea, seguimos viviendo con la ilusión de que el mundo que habitamos es el más sencillo y el mejor de los posibles. Si permitimos que nos influyan los anuncios, mensajes, noticias y redes sociales, acabaremos casi inevitablemente en un estado de desesperación crónico. La sociedad y la cultura que hemos creado constituyen, esencialmente, un medio no natural para nuestro organismo. Esto significa que es más esencial que nunca que seas tú quien elija cómo quiere ser programado. ¿Quieres permitir que sean los demás quienes te programen y llevar una vida de inercia pasiva? ¿O prefieres ser tú quien determine quién eres tanto ahora como en el futuro? ¿Quieres sentirte mejor? ¿Quieres ser más feliz? Si la respuesta es sí, este libro es mi forma de retarte a tomar una decisión activa y hacerte cargo de quién vas a ser y cómo vas a programarte, qué pensamientos decides pensar, con qué personas decides relacionarte, qué libros decides leer, qué noticias decides evitar y qué comida decides comer. Cuando me liberé de mi depresión, me di cuenta de que en gran parte su origen se debía a que yo me había permitido convertirme en un mero producto de los sencillos dilemas que nos propone la sociedad. Hacía ejercicio y comía bien, pero me enfrentaba constantemente al estrés, debido a la programación que había recibido de las estructuras sociales que dominan nuestra sociedad. Creía que el éxito significaba trabajar mucho, trabajar duro, hacerse rico y tener muchas cosas. Esto es una idiotez. ¡El éxito es convertirte en tu mejor versión! Es elegir las acciones y los pensamientos que te ayudan a sentirte bien contigo. Cuando llegas a ese estado, no hay nada que no puedas conseguir. En resumen: **no existen trucos para alcanzar la felicidad. La felicidad es un estilo de vida.**

AGRADECIMIENTOS

Este libro no existiría si no fuera por mi esposa y gurú del autoliderazgo Maria Phillips. También quiero dar las gracias a mis hijos Anthon, Tristan y Leona, que son increíblemente sabios, por las emocionantes conversaciones que tenemos a diario y por todas sus opiniones sobre estos temas. Tengo que dar las gracias a los miles de participantes que se han apuntado a mi curso de autoliderazgo y que han compartido amablemente sus impresiones conmigo. Gracias también a David Klemetz por nuestra inestimable colaboración. También quiero dar las gracias a mi maravilloso editor, Adam Dahlin, por sus ánimos a lo largo de todo el proceso. Y, por último, quiero darme las gracias a mí, por aprender a vivir una vida de autoliderazgo. Es la mejor decisión que he tomado en mi vida.

BIBLIOGRAFÍA

Bibliografía sobre la dopamina

Título: «Food intake recruits orosensory and post-ingestive dopaminergic circuits to affect eating desire in humans».
Autoría: Sharmili Edwin Thanarajah, Heiko Backes, Alexandra G. Di Feliceantonio, Dana M. Small, Jens C. Brüning y Marc Tittgemeyer.
Año de publicación: 2018.

Título: «Serotonin/dopamine interaction in memory formation».
Autoría: Ignacio González-Burgos y Alfredo Feria-Velasco.
Año de publicación: 2008.

Título: «Intermittent dopaminergic stimulation causes behavioral sensitization in the addicted brain and parkinsonism».
Autoría: Francesco Fornai, Francesca Biagioni, Federica Fulceri, Luigi Murri, Stefano Ruggieri y Antonio Paparelli
Año de publicación: 2009.

Título: «Unconventional consumption methods and enjoying things consumed: Recapturing the "first-time" experience».
Autoría: Ed O'Brien y Robert W. Smith.
Año de publicación: 2018.

Título: «Quantifying the sexual afterglow: The lingering benefits of sex and their implications for pair-bonded relationships».
Autoría: Andrea L. Meltzer, Anastasia Makhanova y Lindsey L. Hicks.
Año de publicación: 2017.

Título: «Time dilates after spontaneous blinking».
Autoría: Devin Blair Terhune, Jake G. Sullivan y Jaana M. Simola.
Año de publicación: 2016.

Título: «Does semen have antidepressant properties?».
Autoría: Gordon G. Gallup Jr., Rebecca L. Burch y Steven M. Platek.
Año de publicación: 2002.

Título: «Effects of extrinsic rewards on children's subsequent intrinsic interest».
Autoría: David Greene y Mark R. Lepper.
Año de publicación: 1974.

Título: «Human physiological responses to immersion into water of different temperatures».
Autoría: P. Srámek, M. Simecková, L. Janský, J. Savlíková y S. Vybíral.
Año de publicación: 2000.

Título: «Exploring the mutual regulation between oxytocin and cortisol as a marker of resilience».
Autoría: Yang Li, Afton L. Hassett y Julia S. Seng.
Año de publicación: 2020.

Bibliografía sobre la oxitocina

Título: «The neural correlates of the awe experience: Reduced default mode network activity during feelings of awe».
Autoría: Michiel van Elk, M. Andrea Arciniegas Gomez, Wietske van der Zwaag, Hein T. van Schie y Disa Sauter.
Año de publicación: 2019.

Título: «Paradoxical effects of intranasal oxytocin on trust in inpatient and community adolescents».
Autoría: Amanda Venta, Carolyn Ha, Salome Vanwoerde, Elizabeth Newlin, Lane Strathearn y Carla Sharp.
Año de publicación: 2017.

Título: «Big smile, small self: Awe walks promote prosocial positive emotions in older adults».
Autoría: V.E. Sturm, S. Datta, A.R.K. Roy, I.J. Sible, E.L. Kosik, C.R. Veziris, T.E. Chow, N.A. Morris, J. Neuhaus, J.H. Kramer, B.L. Miller, S.R. Holley y D. Keltner.
Año de publicación: 2020.

Título: «Effects of oxytocin administration on spirituality and emotional responses to meditation».
Autoría: Patty van Cappellen, Baldwin M. Way, Suzannah F. Isgett y Barbara L. Fredrickson.
Año de publicación: 2016.

Título: «Oxytocin affects the connectivity of the precuneus and the amygdala: A randomized, double-blinded, placebo-controlled neuroimaging trial».
Autoría: Máster en ciencias Jyothika Kumar, doctora Birgit Völlm y doctora Lena Palaniyappan.
Año de publicación: 2015.

Título: «Oxytocin modulates the effective connectivity between the precuneus and the dorsolateral prefrontal cortex».
Autoría: Jyothika Kumar, Sarina J. Iwabuchi, Birgit A. Völlm y Lena Palaniyappan.
Año de publicación: 2020.

Título: «Effects of oxytocin administration on spirituality and emotional responses to meditation».
Autoría: Patty van Cappellen, Baldwin M. Way, Suzannah F. Isgett y Barbara L. Fredrickson.
Año de publicación: 2016.

Título: «Quantifying the sexual afterglow: The lingering benefits of sex and their implications for pair-bonded relationships».
Autoría: Andrea L. Meltzer, Anastasia Makhanova y Lindsey L. Hicks.
Año de publicación: 2017.

Título: «Oxytocin increases eye contact during a real-time, naturalistic social interaction in males with and without autism».
Autoría: B. Auyeung, M.V. Lombardo, M. Heinrichs, B. Chakrabarti, A. Sule, J.B. Deakin, R.A.I. Bethlehem, L.

Dickens, N. Mooney, J.A.N. Sipple, P. Thiemann y S. Baron-Cohen.

Año de publicación: 2015.

Título: «Randomised controlled trial of labouring in water compared with standard of augmentation for management of dystocia in first stage of labour».

Autoría: Elizabeth R. Cluett, Ruth M. Pickering, profesora titular de Estadística Médica, Kathryn Getlie y Nigel James St George Saunders.

Año de publicación: 2004.

Título: «Oxytocin enhances spirituality: The biology of awe».

Autoría: Duke University.

Año de publicación: 2016.

Título: «Generous to whom? The influence of oxytocin on social discounting».

Autoría: Narun Pornpattananangkul, Junfeng Zhang, Qiaoyu Chen, Bing Cai Kok y Rongjun Yu.

Año de publicación: 2017.

Título: «Evaluation of short and long term cold stress challenge of nerve grow factor, brain-derived neurotrophic factor, osteocalcin and oxytocin mRNA expression in BAT, Brain, Bone and Reproductive Tissue of male mice using real-time PCR and linear correlation analysis».

Autoría: Claudia Camerino, Elena Conte, Roberta Caloiero, Adriano Fonzino, Mariarosaria Carratù, Marcello D. Lograno y Domenico Tricarico.

Año de publicación: 2017.

Título: «Big smile, small self: Awe walks promote pro-social positive emotions in older adults».
Autoría: V.E. Sturm, S. Datta, A.R.K. Roy, I.J. Sible, E.L. Kosik, C.R. Veziris, T.E. Chow, N.A. Morris, J. Neuhaus, J.H. Kramer, B.L. Miller, S.R. Holley y D. Keltner.
Año de publicación: 2020.

Título: «Empathy toward strangers triggers oxytocin release and subsequent generosity».
Autoría: Jorge A. Barraza y Paul J. Zak.
Año de publicación: 2009.

Título: «Employee wellbeing, productivity, and firm performance».
Autoría: Christian Krekel, George Ward y Jan-Emmanuel De Neve.
Año de publicación: 2019.

Título: «The impact of a new emotional self-management program on stress, emotions, heart rate variability, DHEA and cortisol».
Autoría: R. McCraty, B. Barrios-Choplin, D. Rozman, M. Atkinson y A.D. Watkins.
Año de publicación: 1998.

Título: «Promoting social behavior with oxytocin in high-functioning autism spectrum disorders».
Autoría: Elissar Andari, Jean-René Duhamel, Tiziana Zalla, Evelyn Herbrecht y Marion Leboyer.
Año de publicación: 2010.

Título: «Oxytocin enhances amygdala-dependent, socially reinforced learning and emotional empathy in humans».

Autoría: René Hurlemann, Alexandra Patin, Oezguer A. Onur, Michael X. Cohen, Tobias Baumgartner, Sarah Metzler, Isabel Dziobek, Juergen Gallinat, Michael Wagner, Wolfgang Maier y Keith M. Kendrick.

Año de publicación: 2010.

Título: «Does hugging provide stress-buffering social support? A study of susceptibility to upper respiratory infection and illness».

Autoría: Sheldon Cohen, Denise Janicki-Deverts, Ronald B. Turner y William J. Doyle.

Año de publicación: 2016.

Título: «Oxytocin release increases with age and is associated with life satisfaction and prosocial behaviors».

Autoría: Paul J. Zak, Ben Curry, Tyler Owen y Jorge A. Barraza.

Año de publicación: 2022.

Título: «Oxytocin, ein Vermittler von Antistress, Wohlbefinden, sozialer Interaktion, Wachstum und Heilung».

Autoría: Kerstin Uvnäs-Moberg y Maria Petersson.

Año de publicación: 2015.

Título: «Oxytocin, a mediator of anti-stress, well-being, social interaction, growth and healing».

Autoría: Kerstin Uvnäs-Moberg y Maria Petersson.

Año de publicación: 2005.

Título: «The role of oxytocin in social bonding, stress regulation and mental health: An update on the moderating effects of context and interindividual differences».
Autoría: Miranda Olff, Jessie L. Frijling, Laura D. Kubzansky, Bekh Bradley, Mark A. Ellenbogen, Christopher Cardoso, Jennifer A. Bartz, Jason R. Yee y Mirjam van Zuiden.
Año de publicación: 2013.

Título: «Oxytocin-a multifunctional analgesic for ahronic deep tissue pain».
Autoría: Burel R. Goodin, Timothy J. Ness y Meredith T. Robbins.
Año de publicación: 2015.

Título: «Influence of a "warm touch" support enhancement intervention among married couples on ambulatory blood pressure, oxytocin, alpha amylase, and cortisol».
Autoría: Julianne Holt-Lunstad, Wendy A. Birmingham y Kathleen C. Light.
Año de publicación: 2008.

Título: «Variation in the oxytocin receptor gene is associated with pair-bonding and social behavior».
Autoría: Hasse Walum, Paul Lichtenstein, Jenae M. Neiderhiser, David Reiss, Jody M. Ganiban, Erica L. Spotts, Nancy L. Pedersen, Henrik Anckarsäter, Henrik Larsson y Lars Westberg.
Año de publicación: 2012.

Título: «Hugs help protect against stress and infection».
Autoría: Sheldon Cohen y Robert E. Doherty.
Año de publicación: 2014.

Título: «Oxytocin administration prevents cellular aging caused by social isolation».
Autoría: Jennie R. Stevenson, Elyse K. McMahon, Winnie Boner y Mark F. Haussmann.
Año de publicación: 2019.

Título: «Massage increases oxytocin and reduces adrenocorticotropin hormone in humans».
Autoría: Vera Morhenn, Laura E. Beavin y Paul J. Zak.
Año de publicación: 2012.

Título: «Long-term isolation elicits depression and anxiety-related behaviors by reducing oxytocin-induced GABAergic transmission in central amygdala».
Autoría: Rafael T. Han, Young-Beom Kim, Eui-Ho Park, Jin Yong Kim, Changhyeon Ryu, Hye Y. Kim, Jae Hee Lee, Kisoo Pahk, Cui Shanyu, Hyun Kim, Seung K. Back, Hee J. Kim, Yang In Kim y Heung S. Na.
Año de publicación: 2018.

Título: «Self-soothing behaviors with particular reference to oxytocin release induced by non-noxious sensory stimulation».
Autoría: Kerstin Uvnäs-Moberg, Linda Handlin y Maria Petersson.
Año de publicación: 2015.

Título: «Intermittent drinking, oxytocin and human health».
Autoría: L. Pruimboom y D. Reheis.
Año de publicación: 2016.

Título: «Social facilitation of wound healing».
Autoría: Courtney E. Detillion, Tara K. S. Craft, Erica R. Glasper, Brian J. Prendergast y A. Courtney DeVries.
Año de publicación: 2009.

Título: «Helping hands, healthy body? Oxytocin receptor gene and prosocial behavior interact to buffer the association between stress and physical health».
Autoría: Michael J. Poulin y E. Alison Holman.
Año de publicación: 2013.

Título: «Oxytocin-gaze positive loop and the coevolution of human-dog bonds».
Autoría: Miho Nagasawa, Shouei Mitsui, Shiori En, Nobuyo Ohtani, Mitsuaki Ohta, Yasuo Sakuma, Tatsushi Onaka, Kazutaka Mogi y Takefumi Kikusui.
Año de publicación: 2015.

Título: «Psychophysiological responses to eye contact in a live interaction and in video call».
Autoría: Jonne O. Hietanen, Mikko J. Peltola y Jari K. Hietanen.
Año de publicación: 2020.

Título: «Soothing music can increase oxytocin levels during bed rest after open-heart surgery: a randomised control trial».
Autoría: Ulrica Nilsson.
Año de publicación: 2009.

Título: «Increase in salivary oxytocin and decrease in salivary cortisol after listening to relaxing slow-tempo and exciting fast-tempo music».

Autoría: Yuuki Ooishi.
Año de publicación: 2017.

Título: «Does singing promote well-being?: An empirical study of professional and amateur singers during a singing lesson».
Autoría: Christina Grape, Maria Sandgren, Lars-Olof Hansson, Mats Ericson y Töres Theorel.
Año de publicación: 2003.

Título: «Storytelling increases oxytocin and positive emotions and decreases cortisol and pain in hospitalized children».
Autoría: Guilherme Brockington, Ana Paula Gomes Moreira y Maria Stephani Buso.
Año de publicación: 2020.

Título: «The effects of optimism and gratitude on adherence, functioning and mental health following an acute coronary syndrome».
Autoría: Rachel A. Millstein, Christopher M. Celano, Eleanor E. Beale, Scott R. Beach, Laura Suarez, Arianna M. Belcher, James L. Januzzi y Jeff C. Huffman.
Año de publicación: 2016.

Título: «On being grateful and kind: Results of two randomized controlled trials on study-related emotions and academic engagement».
Autoría: Else Ouweneel, Pascale M. Le Blanc y Wilmar B. Schaufeli.
Año de publicación: 2014.

Título: «Dispositional gratitude mediates the relationship between a past-positive temporal frame and well-being».
Autoría: Navjot Bhullar, Glenn Surman y Nicola S. Schutte.
Año de publicación: 2015.

Título: «Why inspiring stories make us react: The neuroscience of narrative».
Autoría: Paul Zak.
Año de publicación: 2015.

Título: «Does gratitude writing improve the mental health of psychotherapy clients?».
Autoría: Y. Joel Wong, Jesse Owen, Nicole T. Gabana, Joshua W. Brown, Sydney McInnis y Paul Toth.
Año de publicación: 2016.

Título: «The association between well-being and the COMT gene: Dispositional gratitude and forgiveness as mediators».
Autoría: Jinting Liu, Pingyuan Gong, Xiaoxue Gao y Xiaolin Zhou.
Año de publicación: 2017.

Título: «Older spousal dyads and the experience of recovery in the year after traumatic brain injury».
Autoría: Tiffany W. Chhuom y Hilaire J. Thompson.
Año de publicación: 2021.

Título: «Oxytocin modulates the racial bias in neural responses to others' suffering».
Autoría: Feng Sheng, Yi Liu, Bin Zhou, Wen Zhou y Shihui Han.
Año de publicación: 2013.

Título: «The effects of dietary tryptophan on affective disorders».
Autoría: G. Lindseth, B. Helland y J. Caspers.
Año de publicación: 2015.

Bibliografía sobre la serotonina

Título: «Correlations for serotonin levels and measures of mood in a nonclinical sample».
Autoría: A. R. Peirson y J. W. Heuchert.
Año de publicación: 2000.

Título: «Recent research on the behavioral effects of tryptophan and carbohydrate».
Autoría: B. Spring.
Año de publicación: 1984.

Título: «Recalling happier memories can reverse depression».
Autoría: Steve Ramirez y Susumu Tonegawa.
Año de publicación: 2007.

Título: «Evolution of stress responses refine mechanisms of social rank».
Autoría: Wayne J. Korzana y Cliff H. Summers.
Año de publicación: 2021.

Título: «Why zebras don't get ulcers».
Autoría: Robert Sapolsky.
Año de publicación: 1994.

Título: «Stress and depression».
Autoría: Jon Cooper.
Año de publicación: 2021.

Título: «Understanding and conquering depressions».
Autoría: Dr. Huberman y el laboratorio Huberman.
Año de publicación: 2021.

Título: «The concept of depression as a dysfunction of the immune system».
Autoría: Brian E. Leonard.
Año de publicación: 2010.

Título: «Oral selective serotonin repute inhibitors activate vagus nerve dependent gut-brain signalling».
Autoría: Karen-Anne McVey Neufeld, John Bienenstock, Aadil Bharwani, Kevin Champagne-Jorgensen, YuKang Mao, Christine West, Yunpeng Liu, Michael G. Surette, Wolfgang Kunze y Paul Forsythe.
Año de publicación: 2019.

Título: «Associations between whole-blood serotonin and subjective mood in healthy male volunteers».
Autoría: Emma Williams, Barbara Stewart-Knox, Anders Helander, Christopher McConville, Ian Bradbury y Ian Rowland.
Año de publicación: 2006.

Título: «The gut-brain axis and its role in depression».
Autoría: Saruja Nanthakumaran, Saijanakan Sridharan, Manoj R. Somagutta, Ashley A. Arnold, Vanessa May, Sukrut Pagad y Bilal Haider Malik.
Año de publicación: 2020.

Título: «Sunshine, serotonin, and skin: A partial explanation for seasonal patterns in psychopathology?».
Autoría: Randy A. Sansone y Lori A. Sansone.
Año de publicación: 2013.

Título: «Effects of mindfulness-based stress prevention on serotonin transporter gene methylation».
Autoría: Martin Stoel, Corina Aguilar-Raab, Stefanie Rahn, Barbara Steinhilber, Stephanie H. Witt y Nina Alexander.
Año de publicación: 2019.

Título: «Vitamin D and the omega-3 fatty acids control serotonin synthesis and action, part 2: Relevance for ADHD, bipolar disorder, schizophrenia, and impulsive behavior».
Autoría: Rhonda P. Patrick y Bruce N. Ames.
Año de publicación: 2015.

Título: «Serotonin and dominance».
Autoría: Ania Ziomkiewicz-Wichary.
Año de publicación: 2016.

Título: «Evidence that sleep deprivation downregulates dopamine D2R in ventral striatum in the human brain».
Autoría: Nora D. Volkow, Dardo Tomasi, Gene-Jack Wang, Frank Telang, Joanna S. Fowler, Jean Logan, Helene Benveniste, Ron Kim, Panayotis K. Thanos y Sergi Ferré.
Año de publicación: 2012.

Título: «Serotonin transporter binding is reduced in seasonal affective disorder following light therapy».
Autoría: Randy A. Sansone y Lori A. Sansone.
Año de publicación: 2013.

Título: «Vitamin D and depression: Where is all the sunshine?».
Autoría: Sue Penckofer, Joanne Kouba, Mary Byrn y Carol Estwing Ferrans.
Año de publicación: 2010.

Título: «Serotonergic influences on the social behavior of vervet monkeys (*Cercopithecus aethiops sabaeus*)».
Autoría: M.J. Raleigh, G.L. Brammer, A. Yuwiler, J.W. Flannery, M.T. McGuire y E. Geller.
Año de publicación: 1980.

Título: «Effects of self-talk: A systematic review».
Autoría: David Tod, James Hardy y Emily Oliver.
Año de publicación: 2011.

Título: «Serotonergic mechanisms promote dominance acquisition in adult male vervet monkeys».
Autoría: M.J. Raleigh, M.T. McGuire, G.L. Brammer, D.B. Pollack y A. Yuwiler.
Año de publicación: 1991.

Título: «Serotonin, social status and aggression».
Autoría: D. H. Edwards y E. A. Kravitz.
Año de publicación: 1997.

Título: «Depression in older adults».
Autoría: Amy Fiske, Julie Loebach Wetherell y Margaret Gatz.
Año de publicación: 2009.

Título: «Effects of self-talk training on competitive anxiety, self-efficacy, volitional skills, and performance: An intervention study with junior sub-elite athletes».
Autoría: Nadja Walter, Lucie Nikoleizig y Dorothee Alfermann.
Año de publicación: 2011.

Título: «Exploring the impact of negative and positive self-talk in relation to loneliness and self-esteem in secondary school-aged adolescents».
Autoría: Fae Diana Ford.
Año de publicación: 2015.

Título: «The Relationships among Tryptophan, Kynurenine, Indoleamine 2,3-Dioxygenase, Depression, and Neuropsychological Performance».
Autoría: Knut A. Hestad, Knut Engedal, Jon E. Whist y Per G. Farup.
Año de publicación: 2017.

Título: «The new '5-HT' hypothesis of depression: Cell-mediated immune activation induces indoleamine 2,3-dioxygenase, which leads to lower plasma tryptophan and an increased synthesis of detrimental tryptophan catabolites (TRYCATs), both of which contribute to the onset of depression».
Autoría: M. Maes, B.E. Leonard, A.M. Myint, M. Kubera y R. Verkerk.
Año de publicación: 2010.

Bibliografía sobre el cortisol

Título: «Depression and inflammation among children and adolescents: A meta-analysis».
Autoría: Marlena Colasanto, Sheri Madigan y Daphne J. Korczak.
Año de publicación: 2020.

Título: «Prevalence of low-grade inflammation in depression: a systematic review and meta-analysis of CRP levels».
Autoría: Emanuele Felice Osimo, Luke James Baxter, Glyn Lewis, Peter B. Jones y Golam M. Khandaker.
Año de publicación: 2019.

Título: «Omega-3 fatty acids and inflammatory processes».
Autoría: Philip C. Calder.
Año de publicación: 2010.

Título: «Omega-3 fatty acids and inflammatory processes: from molecules to man».
Autoría: Philip C. Calder.
Año de publicación: 2017.

Título: «Fish oil omega-3s EPA and DHA work differently on chronic inflammation».
Autoría: Universidad de Tufts, Campus de Ciencias de la Salud.
Año de publicación: 2020.

Título: «Self-regulation of breathing as a primary treatment for anxiety».
Autoría: Ravinder Jerath, Molly W. Crawford, Vernon A. Barnes y Kyler Harden.
Año de publicación: 2015.

Título: «The effects of psychosocial stress on dopaminergic function and the acute stress response».
Autoría: Michael A. P. Bloomfield, Robert A. McCutcheon, Matthew Kempton, Tom P. Freeman y Oliver Howes.
Año de publicación: 2019.

Título: «EPA and DHA differentially modulate monocyte inflammatory response in subjects with chronic inflammation in part via plasma specialized pro-resolving lipid mediators: A randomized, double-blind, crossover study».
Autoría: Jisun So, Dayong Wu, Alice H. Lichtenstein, Albert K. Tai, Nirupa R. Matthan, Krishna Rao Maddipati y Stefania Lamon-Fava.
Año de publicación: 2020.

Título: «The consequences of effortful emotion regulation when processing distressing material: A comparison of suppression and acceptance».
Autoría: Barnaby D. Dunn, Danielle Billotti, Vicky Murphy y Tim Dalgleisha.
Año de publicación: 2009.

Título: «Fish oil and depression: The skinny on fats».
Autoría: Mansoor D. Burhania y Mark M. Rasenick.
Año de publicación: 2018.

Título: «The Role of inflammation in depression and fatigue».
Autoría: Chieh-Hsin Lee y Fabrizio Giuliani.
Año de publicación: 2019.

Título: «Relations between plasma oxytocin and cortisol: The stress buffering role of social support».
Autoría: Robyn J. McQuaid, Opal A. McInnis, Angela Paric, Faisal Al-Yawer, Kimberly Matheson y Hymie Anisman.
Año de publicación: 2016.

Título: «Higher chronic stress is associated with a decrease in temporal sensitivity but not in subjective duration in healthy young men».
Autoría: Zhuxi Yao, Jianhui Wu, Bin Zhou, Kan Zhang y Liang Zhang.
Año de publicación: 2015.

Título: «Exercise-induced stress resistance is independent of exercise controllability and the medial prefrontal cortex».
Autoría: Benjamin N. Greenwood, Katie G. Spence, Danielle M. Crevling, Peter J. Clark, Wendy C. Craig y Monika Fleshner.
Año de publicación: 2015.

Título: «Turning the knots in your stomach into bows: Reappraising arousal improves performance on the GRE».
Autoría: Jeremy P. Jamieson, Wendy Berry Mendes, Erin Blackstock y Toni Schmader.
Año de publicación: 2010.

Título: «Get excited: Reappraising pre-performance anxiety as excitement».
Autoría: Alison Wood Brooks.
Año de publicación: 2014.

Título: «The effect of diaphragmatic breathing on attention, negative affect and stress in healthy adults».
Autoría: Xiao Ma, Zi-Qi Yue, Zhu-Qing Gong, Hong Zhang, Nai-Yue Duan, Yu-Tong Shi, Gao-Xia Wei y You-Fa Li.
Año de publicación: 2017.

Título: «Is visceral obesity a physiological adaptation to stress?».
Autoría: V. Drapeau, F. Therrien, D. Richard y A. Tremblay.
Año de publicación: 2003.

Título: «The integrative role of the sigh in psychology, physiology, pathology, and neurobiology».
Autoría: Jan-Marino Ramirez.
Año de publicación: 2015.

Título: «How breath-control can change your life: A systematic review on psycho-physiological correlates of slow breathing».
Autoría: Andrea Zaccaro, Andrea Piarulli, Marco Laurino, Erika Garbella, Danilo Menicucci, Bruno Neri y Angelo Gemignani.
Año de publicación: 2018.

Título: «The physiological effects of slow breathing in the healthy human».
Autoría: Marc A. Russo, Danielle M. Santarelli y Dean O'Rourke.
Año de publicación: 2017.

Título: «Voluntary and involuntary running in the rat show different patterns of theta rhythm, physical activity, and heart rate».
Autoría: Jia-Yi Li, Terry B.J. Kuo, Jiin-Cherng Yen, Shih-Chih Tsai y Cheryl C.H. Yang.
Año de publicación: 2014.

Título: «Plasma oxytocin concentrations are lower in depressed vs. healthy control women and are independent of cortisol».
Autoría: Kaeli W. Yuen, Joseph P. Garner, Dean S. Carson, Jennifer Keller, Anna Lembke, Shellie A. Hyde, Heather A. Kenna, Lakshika Tennakoon, Alan F. Schatzberg y Karen J. Parker.
Año de publicación: 2014.

Título: «Forced treadmill exercise can induce stress and increase neuronal damage in a mouse model of global cerebral ischemia».
Autoría: Martina Svensson, Philip Rosvall, Antonio Boza-Serrano, Emelie Andersson, Jan Lexell y Tomas Deierborg.
Año de publicación: 2016.

Título: «Voluntary wheel running reverses deficits in social behavior induced by chronic social defeat stress in mice: Involvement of the dopamine system».

Autoría: Jing Zhang, Zhi-xiong He, Li-min Wang, Wei Yuan, Lai-fu Li, Wen-juan Hou, Yang Yang, Qian-Qian Guo, Xue-ni Zhang, Wen-qi Cai, Shu-cheng An y Fa-dao Tai.

Año de publicación: 2019.

Bibliografía sobre endorfinas

Título: «Happiness & health: The biological factors-systematic review article».

Autoría: Dariush Dfarhud, Maryam Malmir y Mohammad Khanahmadi.

Año de publicación: 2014.

Título: «Adapted cold shower as a potential treatment for depression».

Autoría: Nikolai A. Shevchuk.

Año de publicación: 2007.

Título: «Psychologists find smiling really can make people happier».

Autoría: Universidad de Tennessee en Knoxville.

Año de publicación: 2019.

Título: «Smile intensity in photographs predicts longevity».

Autoría: Ernest L. Abel y Michael L. Kruger.

Año de publicación: 2010.

Título: «The social life of laughter».

Autoría: Sophie Scott, Nadine Lavan, Sinead Chen y Carolyn McGettigan.

Año de publicación: 2014.

Título: «Smile intensity in photographs predicts divorce later in life».
Autoría: Matthew J. Hertenstein, Carrie Hansel, Alissa M. Butts y Sara Hile.
Año de publicación: 2009.

Título: «Expression of positive emotion in women's college Yearbook».
Autoría: LeeAnne Harker y Dacher Keltner.
Año de publicación: 2001.

Título: «Smiling in the face of adversity: The interpersonal and intrapersonal functions of smiling».
Autoría: Anthony Papa y George A. Bonnano.
Año de publicación: 2008.

Título: «Face value and cheap talk: How smiles can increase or decrease the credibility of our words».
Autoría: Lawrence Ian Reed, Rachel Stratton y Jessica D. Rambeas.
Año de publicación: 2018.

Título: «Social laughter triggers endogenous opioid release in humans».
Autoría: Universidad de Turku.
Año de publicación: 2017.

Título: «Variation in the β-endorphin, oxytocin, and dopamine receptor genes is associated with different dimensions of human sociality».

Autoría: Eiluned Pearce, Rafael Wlodarski, Anna Machin y Robin I. M. Dunbar.
Año de publicación: 2017.

Título: «The effects of massage and music on pain, anxiety and relaxation in burn patients: Randomized controlled clinical trial».
Autoría: T. Najafi Ghezeljeh y F. Mohades Ardebili.
Año de publicación: 2017.

Título: «Synchrony and exertion during dance independently raise pain threshold and encourage social bonding».
Autoría: Bronwyn Tarr, Jacques Launay, Emma Cohen y Robin Dunbar.
Año de publicación: 2015.

Título: «Silent disco: dancing in synchrony leads to elevated pain thresholds and social closeness».
Autoría: Bronwyn Tarr, Jacques Launay y Robin I. M. Dunbar.
Año de publicación: 2016.

Título: «Cocoa and dark chocolate polyphenols: From biology to clinical applications».
Autoría: Thea Magrone, Matteo Antonio Russo y Emilio Jirillo.
Año de publicación: 2017.

Título: «Changes in beta-endorphin levels in response to aerobic and anaerobic exercise».
Autoría: L. Schwarz y W. Kindermann.
Año de publicación: 1992.

Título: «The consequences of effortful emotion regulation when processing distressing material: A comparison of suppression and acceptance».
Autoría: Barnaby D. Dunn, Danielle Billotti, Vicky Murphy y Tim Dalgleisha.
Año de publicación: 2009.

Título: «Brown adipose tissue is associated with cardiometabolic health».
Autoría: Tobias Becher, Srikanth Palanisamy, Daniel J. Kramer, Mahmoud Eljalby, Sarah J. Marx, Andreas G. Wibmer, Scott D. Butler, Caroline S. Jiang, Roger Vaughan, Heiko Schöder, Allyn Mark y Paul Cohen.
Año de publicación: 2021.

Título: «Brown-fat-mediated tumour suppression by cold-altered global metabolism».
Autoría: Takhiro Seki *et al.*
Año de publicación: 2022.

Bibliografía sobre la testosterona

Título: «Salivary testosterone is consistently and positively associated with extraversion: Results from the netherlands study of depression and anxiety».
Autoría: Maureen M.J. Smeets-Janssen, Karin Roelofs, Johannes van Pelt, Philip Spinhoven, Frans G. Zitman, Brenda W.J.H. Penninx y Erik J. Giltay.
Año de publicación: 2015.

Título: «Influence of various intensities of 528 Hz sound-wave in production of testosterone in rat's brain and analysis of behavioral changes».
Autoría: T. Babayi Daylari, G. Riazi, S. Pooyan, E. Fathi y F. Hedayati Katouli.
Año de publicación: 2019.

Título: «The effects of short-term resistance training on endocrine function in men and women».
Autoría: W.J. Kraemer, R.S. Staron, F.C. Hagerman, R.S. Hikida, A.C. Fry, S.E. Gordon, B.C. Nindl, L.A. Gothshalk, J.S. Volek, J.O. Marx, R.U. Newton y K. Häkkinen.
Año de publicación: 1998.

Título: «Serum testosterone, growth hormone, and insulin-like growth factor-1 levels, mental reaction time, and maximal aerobic exercise in sedentary and long-term physically trained elderly males».
Autoría: Zeki Ari, Necip Kutlu, Bekir Sami Uyanik, Fatma Taneli, Gurbuz Buyukyazi y Talat Tavli.
Año de publicación: 2012.

Título: «Variations in urine excretion of steroid hormones after an acute session and after a 4-week program of strength training».
Autoría: Rafael Timón Andrada, M. Maynar Mariño, D. Muñoz Marín, G.J. Olcina Camacho, M.J. Caballero y J.I. Maynar Mariño.
Año de publicación: 2007.

Título: «Effect of physical activity on sex hormones in women: A systematic review and meta-analysis of randomized controlled trials».
Autoría: Kaoutar Ennour-Idrissi, Elizabeth Maunsell y Caroline Diorio.
Año de publicación: 2015.

Título: «Individual differences in risk taking and endogenous levels of testosterone, estradiol, and cortisol: A systematic literature search and three independent meta-analyses».
Autoría: Jennifer Kurath y Rui Mata.
Año de publicación: 2018.

Título: «Physically active men show better semen parameters and hormone values than sedentary men».
Autoría: Diana Vaamonde, Marzo Edir Da Silva-Grigoletto, Juan Manuel García-Manso, Natalibeth Barrera y Ricardo Vaamonde-Lemos.
Año de publicación: 2012.

Título: «Intercollegiate soccer: Saliva cortisol and testosterone are elevated during competition, and testosterone is related to status and social connectedness with teammates».
Autoría: David A. Edwards, Karen Wetzel y Dana R. Wyner.
Año de publicación: 2006.

Título: «Salivary testosterone change following monetary wins and losses predicts future financial risk-taking».
Autoría: Coren L. Apicellaa, Anna Dreberb y Johanna Möllerström.
Año de publicación: 2014.

Título: «Testosterone responsiveness to winning and losing experiences in female soccer players».
Autoría: T. Oliveira, M.J. Gouveia, R.F. Oliveira.
Año de publicación: 2009.

Título: «Exogenous testosterone increases status-seeking motivation in men with unstable low social status».
Autoría: A.B. Losecaat Vermeer, I. Krol, C. Gausterer, B. Wagner, C. Eisenegger y C. Lamm.
Año de publicación: 2019.

Título: «The role of social status and testosterone in human conspicuous consumption».
Autoría: Yin Wu, Christoph Eisenegger, Niro Sivanathan, Molly J. Crockett y Luke Clark.
Año de publicación: 2017.

Título: «Effects of affiliation and power motivation on salivary progesterone and testosterone».
Autoría: Oliver C. Schultheiss, Michelle M. Wirth y Steven J. Stanton.
Año de publicación: 2004.

Título: «Negative correlation between salivary testosterone concentration and preference for sophisticated music in males».
Autoría: Hirokazu Doi, Ilaria Basadonne, Paola Venuti y Kazuyuki Shinohara.
Año de publicación: 2018.

Título: «Self-confidence, overconfidence and prenatal testosterone exposure: Evidence from the lab».

Autoría: Patricio S. Dalton y Sayantan Ghosal.
Año de publicación: 2018.

Título: «A new hypothesis for the origin and function of music».
Autoría: Hajime Fukui.
Año de publicación: 2001.

Título: «Effects of gendered behaviour on testosterone in women and men».
Autoría: Sari M. van Anders, Jeffrey Steiger y Katherine L. Goldey.
Año de publicación: 2015.

Título: «Gender differences in financial risk aversion and career choices are affected by testosterone».
Autoría: Paola Sapienza, Luigi Zingales y Dario Maestripieri.
Año de publicación: 2009.

Título: «Anthropologists study testosterone spikes in non-competitive activities».
Autoría: Universidad de California, Santa Barbara.
Año de publicación: 2014.

Título: «Not giving up: Testosterone promotes persistence against a stronger opponent».
Autoría: Hana H. Kutlikova, Shawn N. Geniole, Christoph Eisenegger, Claus Lamm, Gerhard Jocham y Bettina Studer.
Año de publicación: 2021.

Bibliografía sobre meditación

Título: «Specific transcriptome changes associated with blood pressure reduction in hypertensive patients after relaxation response training».
Autoría: Manoj K. Bhasin, John W. Denninger, Jeff C. Huffman, Marie G. Joseph, Halsey Niles, Emma Chad-Friedman, Roberta Goldman, Beverly Buczynski-Kelley, Barbara A. Mahoney, Gregory L. Fricchione, Jeffery A. Dusek, Herbert Benson, Randall M. Zusman y Towia A. Libermann.
Año de publicación: 2017.

Título: «Effects of the transcendental meditation technique on trait anxiety: A meta-analysis of randomized controlled trials».
Autoría: David W. Orme-Johnson y Vernon A. Barnes.
Año de publicación: 2013.

Título: «Observing the effects of mindfulness-based meditation on anxiety and depression in chronic pain patients».
Autoría: Kim Rod.
Año de publicación: 2015.

Título: «Mindfulness-based interventions for anxiety and depression».
Autoría: Stefan G. Hofmann y Angelina F. Gómez.
Año de publicación: 2018.

Título: «Critical analysis of the efficacy of meditation therapies for acute and subacute phase treatment of depressive disorders: A systematic review».

Autoría: Felipe A. Jain, Roger N. Walsh, Stuart J. Eisendrath, Scott Christensen y B. Rael Cahn.
Año de publicación: 2015.

Título: «Does mindfulness attenuate thoughts emphasizing negativity, but not positivity?».
Autoría: Laura G. Kiken y Natalie J. Shook.
Año de publicación: 2014.

Título: «Meditation programs for psychological stress and well-being: a systematic review and meta-analysis».
Autoría: Madhav Goyal, Sonal Singh, Erica M. S. Sibinga, Neda F. Gould, Anastasia Rowland-Seymour, Ritu Sharma, Zackary Berger, Dana Sleicher, David D. Maron, Hasan M. Shihab, Padmini D. Ranasinghe, Shauna Linn, Shonali Saha, Eric B. Bass y Jennifer A. Haythornthwaite.
Año de publicación: 2014.

Título: «Effects of tai chi on self-efficacy: A systematic review».
Autoría: Yingge Tong, Ling Chai, Song Lei, Miaomiao Liu y Lei Yang.
Año de publicación: 2018.

Título: «Mindfulness training reduces loneliness and increases social contact in a randomized controlled trial».
Autoría: Emily K. Lindsay, Shinzen Young, Kirk Warren Brown, Joshua M. Smyth y J. David Creswelle.
Año de publicación: 2019.

Título: «Brief mindfulness meditation improves attention in novices: Evidence from ERPs and moderation by neuroticism».

Autoría: Catherine J. Norris, Daniel Creem, Reuben Hendler y Hedy Kober.

Año de publicación: 2018.

Título: «Mindful creativity: The influence of mindfulness meditation on creative thinking».

Autoría: Viviana Capurso, Franco Fabbro y Cristiano Crescentini.

Año de publicación: 2013.

Título: «Effect of kindness-based meditation on health and well-being: A systematic review and meta-analysis».

Autoría: Julieta Galante, Ignacio Galante, Marie-Jet Bekkers y John Gallacher.

Año de publicación: 2014.

Título: «The interventional effects of loving-kindness meditation on positive emotions and interpersonal interactions».

Autoría: Xiaoli He, Wendian Shi, Xiangxiang Han, Nana Wang Ni Zhang y Xiaoli Wang.

Año de publicación: 2015.

Título: «On mind wandering, attention, brain networks, and meditation».

Autoría: Amit Sood y David T. Jones.

Año de publicación: 2013.

Título: «Brief, daily meditation enhances attention, memory, mood, and emotional regulation in non-experienced meditators».

Autoría: Julia C. Basso, Alexandra McHale, Victoria Ende, Douglas J. Oberlin y Wendy A. Suzuki.
Año de publicación: 2019.

Título: «The potential effects of meditation on age-related cognitive decline: a systematic review».
Autoría: Tim Gard, Britta K. Hölzel y Sara W. Lazar.
Año de publicación: 2014.

Título: «Positive emotion correlates of meditation practice: A comparison of mindfulness meditation and loving-kindness meditation».
Autoría: Barbara L. Fredrickson, Aaron J. Boulton, Ann M. Firestine, Patty Van Cappellen, Sara B. Algoe, Mary M. Brantley, Sumi Loundon Kim, Jeffrey Brantley y Sharon Salzberg.
Año de publicación: 2017.

Bibliografía miscelánea

Título: «8-week mindfulness based stress reduction induces brain changes similar to traditional long-term meditation practice-a systematic review».
Autoría: Rinske A. Gotink, Rozanna Meijboom, Meike W. Vernooij, Marion Smits y M. G. Myriam Hunink.
Año de publicación: 2016.

Título: «Neuroplasticity and clinical practice: Building brain power for health».
Autoría: Joyce Shaer.
Año de publicación: 2016.

Título: «Dynamic brains and the changing rules of neu-roplasticity: Implications for learning and recovery».
Autoría: Patrice Voss, Maryse E. Thomas, J. Miguel Cisneros-Franco y Étienne de Villers-Sidani.
Año de publicación: 2017.

Título: «Exercise and the kynurenine pathway: Current sta-te of knowledge and results from a randomized cross-over study comparing acute effects of endurance and resistance training».
Autoría: Niklas Joisten, Felix Kummerhoff, Christina Koliamitra, Alexander Schenk, David Walk, Luca Hardt, Andre Knoop, Mario Thevis, David Kiesl, Alan J. Metcalfe, Wilhelm Bloch y Philipp Zimmer.
Año de publicación: 2020.

Título: «The kynurenine connection: How exercise shifts muscle tryptophan metabolism and affects energy homeosta-sis, the immune system, and the brain».
Autoría: Kyle S. Martin, Michele Azzolini y Jorge Lira Ruas.
Año de publicación: 2020.

Título: «IARC Monographs on the evaluation of carci-nogenic risks to humans».
Autoría: Centro Internacional de Investigaciones sobre el Cáncer.
Año de publicación: 2018.

Título: «A nightly bedtime routine: Impact on sleep in young children and maternal mood».
Autoría: Jodi A. Mindell, Lorena S. Telofski, Benjamin Wiegand y Ellen S. Kurtz.
Año de publicación: 2019.

Título: «Interventions to improve mental health, well-being, physical health, and lifestyle behaviors in physicians and nurses: A systematic review».

Autoría: Bernadette Mazurek Melnyk, Stephanie A. Kelly, Janna Stephens, Kerry Dhakal, Colleen McGovern, Sharon Tucker, Jacquelinne Hoying, Kenya McRae, Samantha Ault, Elizabeth Spurlock y Steven B. Bird.

Año de publicación: 2020.